职业教育"十四五"规划系列教材

Photoshop 实战案例精粹

主　编　肖永莲　李　雪

副主编　姚志娟　龙　樱　唐棁桢　王彩妮

http://press.hust.edu.cn

中国·武汉

图书在版编目(CIP)数据

Photoshop 实战案例精粹/肖永莲,李雪主编. —武汉:华中科技大学出版社,2024.4
ISBN 978-7-5772-0630-1

Ⅰ. ① P… Ⅱ. ① 肖… ② 李… Ⅲ.① 图像处理软件 Ⅳ. ① TP391.413

中国国家版本馆 CIP 数据核字(2024)第 053415 号

Photoshop 实战案例精粹
Photoshop Shizhan Anli Jingcui

肖永莲 李 雪 主编

策划编辑:胡天金
责任编辑:叶向荣
封面设计:旗语书装
版式设计:赵慧萍
责任监印:朱 玢
出版发行:华中科技大学出版社(中国·武汉)   电话:(027)81321913
　　　　　武汉市东湖新技术开发区华工科技园   邮编:430223
录　　排:华中科技大学出版社美编室
印　　刷:武汉市洪林印务有限公司
开　　本:889mm×1194mm　1/16
印　　张:15.5
字　　数:437 千字
版　　次:2024 年 4 月第 1 版第 1 次印刷
定　　价:78.00 元

　　本书为学生学习 Photoshop 初级教材的后续教材,内容以该软件在图形图像设计工作岗位上的实际应用案例为主,在学生认识了 Photoshop 且基本会使用 Photoshop 的基础上,针对摄影作品后期处理、电商美工、广告设计等不同应用领域进行综合实战案例训练,旨在进一步提升学生对该软件的使用熟练度及综合应用的能力。

　　《Photoshop 实战案例精粹》由七个模块组成,包括模块一"图片艺术处理——用创意和艺术点缀生活",模块二"人像后期处理——遇见更美的自己",模块三"艺术字制作——画龙点睛之笔",模块四"海报制作——艺术与故事的交汇之美",模块五"图形绘制——妙手生花绘生活",模块六"产品广告设计——产品与广告的设计乐趣",模块七"电商网店装修设计——网上购物新体验"。

　　本书的编写遵循中职学生的学习规律和认知特点,考虑学生职业成长和终身发展的需要,呈现出以下几个方面的特点。

　　(1)渗透思政。润物细无声地把职业精神、工匠精神、创新创业、传统文化、爱国情怀、经济法规等思政元素通过情景思政、案例思政、小结思政等方式有机融合,达到课程思政与技能学习相辅相成的效果;紧密围绕学科核心素养、职业核心能力,促进中职学生认知能力、合作能力、创新能力和职业能力的提升。

　　(2)内容载体体现新技术、新工艺。精选贴近生产生活、反映职业岗位的典型案例,充分考虑学生的学习起点和研读能力,以图表、微课等方式呈现重点知识点、技术,帮助学生理解掌握。

　　(3)强化学生的自学能力。通过案例效果图欣赏或前后对比,理解设计意图,进行案例后期布局、色彩搭配、设计感等方面的分析;通过案例小结强化学习重点,引导学生根据评价表进行自我评价,以达到"通过一个案例,掌握一种方法,明白一种设计方向,理解一种思想内涵"的目的。

Photoshop 实战案例精粹

本书由肖永莲、李雪担任主编，姚志娟、龙樱、唐桅桢、王彩妮担任副主编，谭莉姣、刘颖、任汉伟参与编写。肖永莲确定教材编写指导思想和理念，确定教材整体框架，并对教材内容编写进行指导和统稿。具体编写分工如下：模块一由重庆市北碚职业教育中心唐桅桢编写，模块二中案例一、案例三和模块四由重庆市北碚职业教育中心肖永莲编写，模块二中案例二和案例四由四川仪表工业学校王彩妮编写，模块三由重庆市北碚职业教育中心姚志娟编写，模块五由重庆市渝中职业教育中心龙樱编写，模块六和模块七由重庆市北碚职业教育中心李雪编写。教学设计由重庆市北碚职业教育中心谭莉姣和重庆市轻工业学校刘颖负责制作，部分图片素材由重庆市北碚区凹凸影视传媒工作室任汉伟提供，微课资源由各模块编写人员完成。

由于编者水平有限，书中难免存在疏漏之处，欢迎广大读者提出宝贵意见和建议，以便及时调整补充。

CONTENTS 目 录

模块一
图片艺术处理——用创意和艺术点缀生活

图片艺术处理,即对图片进行修改、美化,通常是通过图片处理软件(Photoshop)对图片进行调色、抠图、合成、明暗修改、彩色和色度的修改、添加特殊效果、编辑、修复等。

与图片处理类似的概念是图像处理,即对图像进行分析、加工,使其满足视觉、心理等要求。图像处理是信号处理在图像域上的一个应用。大多数的图像是以数字形式存储的,因而图像处理很多情况下也指数字图像处理。

案例一 制作局部发光效果——《发光的梅花鹿》

光是一个物理学名词,其本质是一种处于特定频段的光子流。光源发出光,是因为光源中的电子获得额外能量。如果能量不足以使其跃迁到更外层的轨道,电子就会进行加速运动,并以波的形式释放能量。如果跃迁之后刚好填补了所在轨道的空位,从激发态到达稳定态,电子就不动了。否则电子会再次跃迁回之前的轨道,并且以波的形式释放能量。

光同时具备以下四个重要特征。

(1)在几何光学中,光以直线传播。

(2)在波动光学中,光以波的形式传播。

(3)光速极快。

(4)在量子光学中,光的能量是量子化的。

案例导入

梅花鹿是鹿科鹿属动物,被列入《世界自然保护联盟》低危物种和中国国家一级保护动物。梅花鹿分布于西伯利亚到韩国、中国东部和越南、日本等国家和地区,生活于森林边缘或山地草原。梅花鹿于晨昏活动,以青草、树叶为食,好舔食盐碱;体长125～145cm,肩高70～95cm,体重70～100kg,雌鹿较小;雄鹿有角,一般四叉;背中央有暗褐色背线;尾短,背面黑色,腹面白色;夏毛棕黄色,遍布鲜明的白色梅花斑点,故称“梅花鹿”。

鹿角,中药名,为鹿科动物马鹿或梅花鹿已骨化的角或锯茸后翌年春季脱落的角基,分别习称“马鹿角”“梅花鹿角”“鹿角脱盘”;多产于新疆、青海、东北三省等地,具有温肾阳、强筋骨、行血消肿之功效;常用于肾阳不足、阳痿遗精、腰脊冷痛、阴疽疮疡、乳痈初起、瘀血肿痛等病症的治疗。

《发光的梅花鹿》的局部发光效果图如图 1-1-1 所示。

图 1-1-1

 **案例分析**

对图 1-1-1 所示海报效果图进行以下分析。

布局：以中心式布局为主，突出主体物，更能让观者感受其发光鹿角的魅力。

色彩搭配：以天空夜晚的深蓝和梅花鹿发光的橙黄为主色调，由于互补色的关系更能使整个视觉效果达到巅峰，颜色更加绚烂。

设计感：由于梅花鹿已经占了整个画面的 3/4，所以就对鹿角进行发光效果的制作。鹿角属于一种中药材，对人们的身体极其有用，对其进行发光处理也暗示了鹿角大有用处。同时鹿角处于整个画面中上部分，符合人们的视觉平衡规律。

图片艺术处理思路如图 1-1-2 所示。

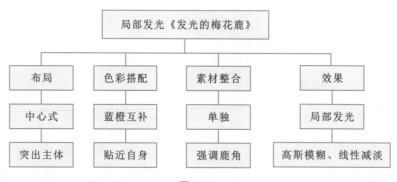

图 1-1-2

学习目标

· **知识目标**

1. 了解梅花鹿的国际地位及鹿角的好处。

2. 知道色彩的搭配。

3. 理解蒙版的意义。

·**技能目标**

1.能熟练操作线性减淡、高斯模糊、蒙版、色相/饱和度、曲线等命令。

2.能制作"局部发光"效果。

3.能熟练使用画笔工具。

·**素养目标**

1.通过案例分析,培养学生分析问题的能力及逻辑思维能力。

2.通过发光案例的设计与制作,提高学生对动物的热爱之情。

3.通过学习过程,培养学生自主探究及团结互助的精神。

制作局部发光
效果——
《发光的梅花鹿》

一、制作发光效果

(1)打开素材/模块一/案例一/01 文件。

(2)选择"对象选择"工具 ,选择 选择主体 再对主体进行调整,按【Ctrl+J】键将主体单独生成一个新图层,并将其命名为"梅花鹿",如图 1-1-3 所示。

(3)在最新图层上,选择"套索工具" 将鹿角单独圈选出来,按【Ctrl+J】键将主体单独生成一个新图层,并将其命名为"鹿角 1",如图 1-1-4 所示。按住鼠标右键,将该图层转换为"智能对象",按【Ctrl+J】键将其复制生成一个新图层,并将其命名为"鹿角 1 拷贝"。

(4)将"鹿角 1"和"鹿角 1 拷贝"两图层的混合模式改为"线性减淡(添加)",效果如图 1-1-5 所示。

图 1-1-3

图 1-1-4

图 1-1-5

(5)在图层面板下方找到"创建新的填充或调整图层"工具 ,对"图层 1"选择"颜色查找",如图 1-1-6 所示。在"载入 3D LUT···"中找到"Moonlight. 3DL",如图 1-1-7 所示,将画面变成深夜色彩,效果如图 1-1-8 所示。再在"创建新的填充或调整图层"中找到"黑白",将"不透明度"设为"57%",效果如图 1-1-9 所示。

图 1-1-6

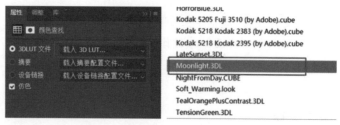

图 1-1-7

图 1-1-8

图 1-1-9

（6）在"鹿角 1 拷贝"图层上，找到"滤镜"→"模糊"→"高斯模糊"进行参数调整，如图 1-1-10 所示，点击 确定 完成效果。

（7）将"鹿角 1 拷贝"按【Ctrl＋J】键复制一层，得到"鹿角 1 拷贝 2"图层，并调整该图层的"高斯模糊"参数，如图 1-1-11 所示，点击 确定 完成效果。使用同样的操作，将"鹿角 1 拷贝 2"图层复制一层，得到"鹿角 1 拷贝 3"图层，调整"高斯模糊"参数，如图 1-1-12 所示，点击 确定 完成效果。

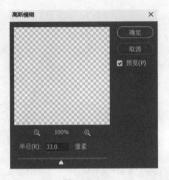

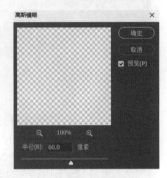

图 1-1-10　　　　　　　　　　图 1-1-11　　　　　　　　　　图 1-1-12

（8）将"鹿角 1"～"鹿角 1 拷贝 3"共 4 个图层按【Ctrl＋G】键组成一个组，并将其命名为"鹿角"。

（9）对该组"鹿角"进行"色相/饱和度"的调整，如图 1-1-13 所示，效果如图 1-1-14 所示。

图 1-1-13　　　　　　　　　　　　　　图 1-1-14

（10）给"梅花鹿"图层添加"曲线"命令，如图 1-1-15 所示，进行参数调整，如图 1-1-16 所示。

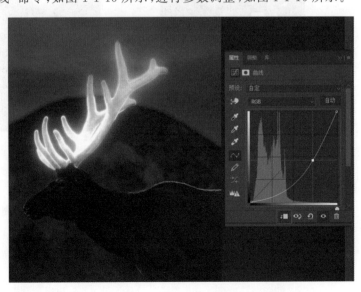

图 1-1-15　　　　　　　　　　　　　　图 1-1-16

Photoshop 实战案例精粹

（11）点击"曲线"里的"蒙版"，选择画笔工具 ，笔刷为柔边圆，前景色改为黑色，在梅花鹿的上半部分进行涂抹减淡，如图1-1-17所示。

图 1-1-17

（12）按【Alt】键，将"色相饱和度"复制在"曲线"下方。

（13）按【Alt】键，将"曲线"的"蒙版"复制在"色相饱和度 拷贝"的"蒙版"里面。

（14）按【Ctrl＋I】键将"色相/饱和度 1 拷贝"里的"蒙版"反相，如图1-1-18所示，效果如图1-1-19所示。

图 1-1-18

图 1-1-19

（15）将"鹿角 1 拷贝 2"按【Ctrl＋J】键复制一层，得到"鹿角 1 拷贝 4"，对该图层的"高斯模糊"参数进行调整，如图1-1-20所示，点击 确定 完成效果。

（16）对"鹿角 1 拷贝 3"的"高斯模糊"参数进行调整，如图1-1-21所示，点击 确定 完成效果。

（17）对"鹿角 1 拷贝 2"的"高斯模糊"参数进行调整，如图1-1-22所示，点击 确定 完成效果。

6

图 1-1-20

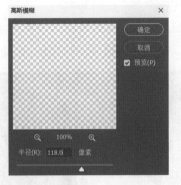
图 1-1-21

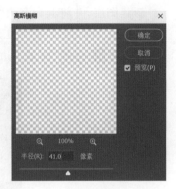
图 1-1-22

（18）鹿角的发光效果已完成，效果如图 1-1-23 所示。

图 1-1-23

二、制作光粒子

（1）选择画笔工具 ，找到"特殊效果画笔"里的"Kyle 的喷溅画笔-喷溅 Bot 倾斜"画笔，按实际情况调整画笔大小，如图 1-1-24 所示。

（2）按【F5】键，弹出"画笔设置"对话框，进行参数调整，如图 1-1-25 所示。

图 1-1-24

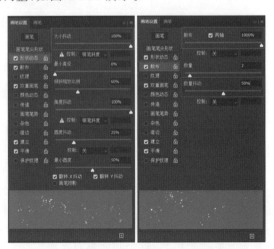
图 1-1-25

（3）新建图层，并将其命名为"颗粒"。

（4）按【Ctrl】键，选择"鹿角1"的缩览图，将鹿角圈选出来。选择"路径"，点击下方"从选区生成工作路径"工具，选择"画笔描边路径"工具，效果如图1-1-26所示。

图 1-1-26

（5）双击"颗粒"图层，对"颜色叠加"和"外发光"的参数进行调整，如图1-1-27所示。

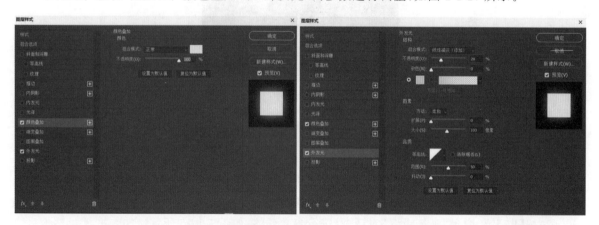

图 1-1-27

三、保存

执行"文件"→"存储"→"保存到您的计算机上"命令，保存文件。

案例小结

　　梅花鹿是中国古代的吉祥物之一，也是现在我国国家一级保护动物，因"鹿"与"禄"谐音，象征着富裕，因此我们要多多保护梅花鹿，让它们幸福快乐地生活。

　　《发光的梅花鹿》一例通过线性减淡、高斯模糊、蒙版、画笔、色相/饱和度、曲线等命令使鹿角的发光效果达到极致，整个画面具有高级感。

自我评价

请根据自己的完成情况填写表 1-1-1,并根据掌握程度涂☆。

表 1-1-1　自我评价表

知识与技能点	在本案例中的作用(填写关键词)	掌握程度
高斯模糊		☆☆☆☆☆
套索工具		☆☆☆☆☆
线性减淡		☆☆☆☆☆
蒙版		☆☆☆☆☆
色相/饱和度		☆☆☆☆☆
曲线		☆☆☆☆☆
画笔工具		☆☆☆☆☆

案例二　制作文字肖像效果——《文字剪影》

图片艺术处理的方式有很多,其中就有以文字混合肖像作为效果给观者呈现出来的方式,其效果也是相当炸裂,因为完全不同于往常。

案例导入

抗日战争是指 20 世纪中期第二次世界大战中,中国抵抗日本侵略的一场民族性的正义战争。

抗日战争于 1931 年的九一八事变开始,1937 年的卢沟桥事件后全面爆发。1945 年,日本向同盟国阵营无条件投降,抗日战争结束。十四年的抗日战争包括局部抗战和全国抗战两个时期。其中 1931—1937 年是六年局部抗战时期,虽然军事行动主要发生在东北、华北及上海等局部地区,但是也是与全国抗日救亡运动相互推动、共同发展的,它既是抗日战争不可分割的组成部分,又对发动全民族抗战产生重要作用;而 1937—1945 年是八年全面抗战时期,这是中华民族和日本帝国主义进行的拼死一战,其广度、深度、范围和影响都是空前的。

抗日战争,是中国人民反抗日本帝国主义侵略的正义战争,是世界反法西斯战争的重要组成部分,也是中国近代以来抗击外敌入侵第一次取得完全胜利的民族解放战争。在这场战争中,中华民族同仇敌忾,浴血奋战,创造了弱国打败强国的光辉业绩。

《文字剪影》的文字肖像效果如图 1-2-1 所示。

案例分析

对图 1-2-1 所示海报效果图进行以下分析。

布局:以对称性布局为主,将整个画面一分为二,体现其庄严、庄重感。

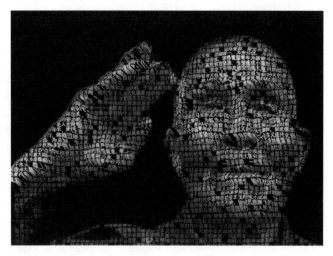

图 1-2-1

色彩搭配：以黑白为主，纪念在抗日战争中为国捐躯的英雄烈士们，营造一种怀旧、悲痛的氛围。

设计感：以抗战老兵作为人物原型，将爱国宣言以文字的形式与肖像进行融合，进一步体现出国人热烈的爱国情怀；同时主人公又以标准的敬礼方式，向国人展现出了他当年为国征战的雄心壮志以及对祖国的敬仰。

图片艺术处理设计思路如图 1-2-2 所示。

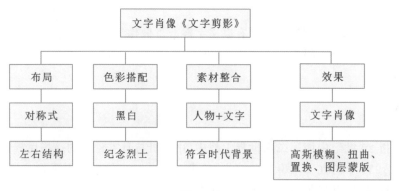

图 1-2-2

 **学习目标**

- **知识目标**

1. 了解抗日战争的实况。

2. 清楚国旗的标准尺寸。

3. 知道置换的意义。

- **技能目标**

1. 能熟练操作高斯模糊、扭曲、置换、蒙版等命令。

2. 能制作"文字肖像"效果。

3. 能熟练使用文字工具。

·素养目标

1.通过案例分析,培养学生分析问题的能力及逻辑思维能力。

2.通过案例的设计与制作,渗透爱国主义思想,激发学生的爱国情怀。

3.通过学习过程,培养学生自主探究及团结互助的精神。

制作文字肖像
效果——
《文字剪影》

 操作步骤

一、制作文字剪影

(1)打开素材/模块一/案例二/01文件。选择"裁剪"工具，将素材边缘剪裁干净,按【Enter】键确认。

(2)按【Ctrl+J】键将"背景"图层复制一层,并命名为"人物"。

(3)将"背景"图层填充为黑色。

(4)选择"人物"图层,选择"滤镜"→"模糊"→"高斯模糊",并进行参数调整,如图1-2-3所示,单击 确定 按钮完成效果。

(5)选择"文件"→"存储为"→"保存到桌面",并将其命名为"人物"。

(6)选择"横排文字"工具，将鼠标从左上移到右下,添加一个文本框,如图1-2-4所示。

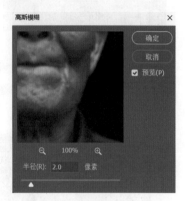

图 1-2-3

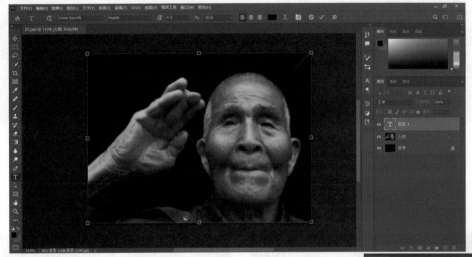

图 1-2-4

(7)打开素材/模块一/案例二/文字文件,将里面的文字复制粘贴到文本框中,颜色为白色,其他参数根据实际情况进行调整,如图1-2-5所示,单击 ✓ 按钮完成操作。

(8)按【Ctrl+T】键,将文字以等比例形式放大,单击 ✓ 按钮完成操作。

(9)将"文字"图层栅格化,转为普通图层。

(10)选择"滤镜"→"扭曲"→"置换",弹出"置换"窗口,如图1-2-6所示,单击 确定 按钮,将"人物"源文件打开,效果如图1-2-7所示。

图 1-2-5

图 1-2-6

图 1-2-7

(11)按【Ctrl】键,并单击"文字"图层的缩览图进行选区。

(12)单击"人物"图层,找到图层面板下方的"添加图层蒙版"按钮 ,为"人物"图层添加图层蒙版,效果如图 1-2-8 所示。

图 1-2-8

(13)将"文字"图层隐藏,效果如图 1-2-9 所示。

(14)选择"画笔"工具 ,选择柔边圆的笔头,"不透明度"设为"40%",将前景色设为"黑色",在"人物"图层的"蒙版"中对人物周围的文字进行涂抹减淡,效果如图 1-2-10 所示。

图 1-2-9

图 1-2-10

（15）为"人物"图层添加"曲线"命令，进行参数调整，如图 1-2-11 所示，效果如图 1-2-12 所示。

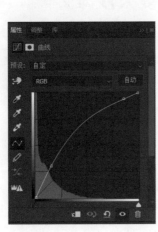

图 1-2-11

图 1-2-12

二、保存

执行"文件"→"存储"→"保存到您的计算机上"命令，保存文件。

案例小结

2024 年已是改革开放 46 周年，五星红旗是由英雄战士们的鲜血所染红的，我们在前辈们打下的江山下幸福生活着，要做到牢记使命，不忘初心。作为青少年的我们，更应该发奋图强，为国争光，做祖国的栋梁之材。

《文字剪影》一例以抗战老兵作为人物原型，他们值得我们敬仰和爱戴。通过高斯模糊、扭曲、置换、图层蒙版等命令的操作，将人物肖像与爱国文字相融合，做到了人字合一的境界，向战士们敬礼，向祖国敬礼。

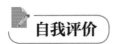
自我评价

请根据自己的完成情况填写表 1-2-1，并根据掌握程度涂☆。

表 1-2-1 自我评价表

知识与技能点	在本案例中的作用（填写关键词）	掌握程度
高斯模糊		☆☆☆☆☆
扭曲		☆☆☆☆☆
置换		☆☆☆☆☆
图层蒙版		☆☆☆☆☆
文字工具		☆☆☆☆☆
画笔工具		☆☆☆☆☆

案例三 **制作夏日风格效果——《夏天沙滩》**

夏日冰感清新色调的特点:
(1)亮度偏高,显得干净、清新;
(2)冷色调使用较多,以蓝色、青色为主,清爽、静谧;
(3)画面对比度低,柔和、舒适,背景细节较少;
(4)光线感比较强,明亮、阳光、有活力。

案例导入

"斗指东南,维为立夏"。当太阳到达黄经 45°时,我们迎来夏天第一个节气——立夏。

立夏,一年中的第七个节气,与立春、立秋、立冬并称"四立"。

随着天气日渐燥热,沙滩、椰林、大海又成了夏季度假的宠儿。白天的海滩热闹非凡,你可以在海滩上尽情地玩耍嬉戏,或是懒懒地躺在沙滩上沐浴阳光、放松心情。

《夏天沙滩》的夏日风格效果如图 1-3-1 所示。

图 1-3-1

案例分析

对图 1-3-1 所示海报效果图进行以下分析。

布局:以留白式布局为主,左右结构,画面协调,体现了夏日的清凉,烘托夏日氛围。

色彩搭配:以暖色调为主,证实了太阳的火辣,印证夏日的到来,让观者感受到热浪来袭,酷暑是需要清凉来缓解的。

设计感:原本的素材颜色偏灰,调性不明确。通过色彩的调整,再加上文字的搭配,整个画面充斥着夏季独有的氛围感,让人们奔跑在沙滩上,沐浴着阳光,感受着阳光带来的温暖和满足。

图片艺术处理设计思路如图 1-3-2 所示。

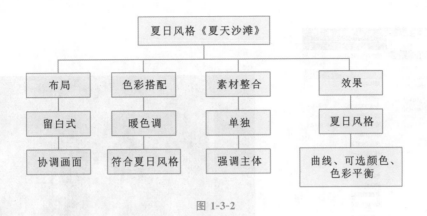

图 1-3-2

学习目标

·知识目标

1.了解立夏的含义。

2.知道图像色调的协调性。

3.熟知图像调整里的各项命令。

·技能目标

1.能熟练操作曲线、色彩平衡、可选颜色等命令。

2.能制作"夏日风格"效果。

3.能熟练使用文字工具。

·素养目标

1.通过案例分析,培养学生分析问题的能力及逻辑思维能力。

2.通过案例的设计与制作,提高学生对夏季沙滩的向往。

3.通过学习过程,培养学生自主探究及团结互助的精神。

制作夏日风格

效果——

《夏天沙滩》

操作步骤

一、制作背景

(1)按【Ctrl+O】键,打开素材/模块一/案例三/01 文件。将"背景"图层拖曳到"创建新图层"并复制。

(2)选择"图像"→"调整"→"曲线",如图 1-3-3 所示,在"曲线"上控制鼠标添加"控制点"并进行设置,如图 1-3-4 所示。

(3)单击"通道"选项右侧的按钮,选择"绿"通道,在"曲线"上单击鼠标添加"控制点"并进行设置,如图 1-3-5 所示。用相同的方法再次添加一个"控制点",进行设置,如图 1-3-6 所示。效果如图 1-3-7 所示。

图 1-3-3

图 1-3-4

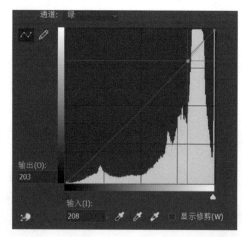

图 1-3-5

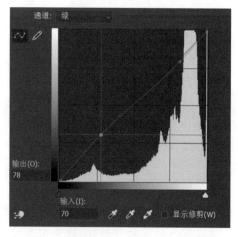

图 1-3-6

图 1-3-7

(4)选择"图像"→"调整"→"可选颜色",进行设置,如图 1-3-8 所示。

(5)单击"颜色"选项右侧的按钮,选择"黄色"选项,进行设置,如图 1-3-9 所示。选择"绿色"选项,进行设置,如图 1-3-10 所示。效果如图 1-3-11 所示。

图 1-3-8　　　　　　　　　　　图 1-3-9　　　　　　　　　　　图 1-3-10

图 1-3-11

(6)选择"图像"→"调整"→"色彩平衡",进行设置,如图 1-3-12 所示。

(7)选择"阴影"选项,进行设置,如图 1-3-13 所示。

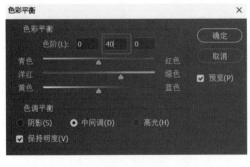

图 1-3-12　　　　　　　　　　　　　　　图 1-3-13

(8)选择"高光"选项,进行设置,如图 1-3-14 所示。效果如图 1-3-15 所示。

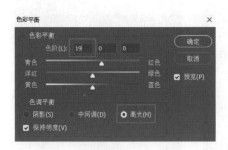

图 1-3-14   图 1-3-15

📝 二、制作文字

选择"横排文字"工具 **T**，在适当的位置输入文字，字体为 Comic Sans MS，大小为 18.71，颜色为黑色，效果如图 1-3-16 所示。

图 1-3-16

📝 三、保存

执行"文件"→"存储"→"保存到您的计算机上"命令，保存文件。

📓 **案例小结**

在夏天的沙滩里，尽情挥洒汗水，感受阳光、热浪带来的刺激，将所有的烦恼都抛之脑后，感受生活，享受生活。

该案例设计以夏天为基调，整个画面营造出一种在阳光沙滩下放松身心的氛围，令人感到惬意。通过曲线、可选颜色、色彩平衡等命令的调节，让原本灰蒙蒙的画面变得更加绚烂，视觉效果达到最佳，更加具有夏日独特的风格。

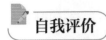 **自我评价**

请根据自己的完成情况填写表 1-3-1,并根据掌握程度涂☆。

表 1-3-1　自我评价表

知识与技能点	在本案例中的作用(填写关键词)	掌握程度
曲线		☆☆☆☆☆
可选颜色		☆☆☆☆☆
色彩平衡		☆☆☆☆☆
文字工具		☆☆☆☆☆

案例四　制作多重曝光剪影效果——《人物山水》

多重曝光,也叫多次曝光,是采用两次或多次独立曝光,把不同的影像重叠记录在一张照片上的技术方法。利用多重曝光能把不同空间、不同时间拍摄的景物整合到一个画面中,以满足艺术创作的需要。画面影像可以重叠,也可以借助遮板,使各个影像相接而又不重叠。

案例导入

中国画历史悠久,人物山水画亦是如此。人似看山,山亦似俯而看人,不尔,则山自山,人自人。《人物山水》的多重曝光剪影效果如图 1-4-1 所示。

图 1-4-1

 案例分析

对图 1-4-1 所示多重曝光剪影效果图进行以下分析。

布局:以中心布局为主,突出人物性格,并与山水背景很好地融为一体。

色彩搭配：以蓝绿色调为主色调，黑白为辅，缓解了观者的视觉疲劳，也更贴近大自然。

设计感：将山水风景颠倒作为背景来展示，一黑一白，可从侧面暗示人物的双重性格；同时主人公又以侧面思考者的姿态展示在世人面前，更将整个画面带入了一种安静、沉思的氛围。

图片艺术处理设计思路如图 1-4-2 所示。

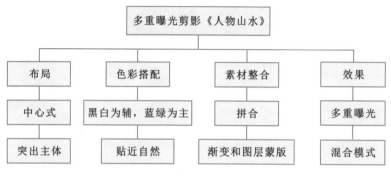

图 1-4-2

 学习目标

·知识目标

1. 了解什么叫多重曝光。

2. 认识人物山水画。

3. 知道混合模式的意义。

·技能目标

1. 能熟练应用渐变工具辅助图层蒙版。

2. 能制作"多重曝光"效果。

3. 能熟练使用文字工具。

·素养目标

1. 通过案例分析，培养学生分析问题的能力及逻辑思维能力。

2. 通过案例的设计与制作，提高学生对大自然和人物山水画的热爱。

3. 通过学习过程，培养学生自主探究及团结互助的精神。

 操作步骤

制作多重曝光
剪影效果——
《人物山水》

一、制作山水背景

(1) 按【Ctrl＋O】键，打开素材/模块一/案例四/01 文件，如图 1-4-3 所示。

(2) 将背景图层拖曳到"创建新图层"按钮■上，复制图层，如图 1-4-4 所示。

(3) 按【Ctrl＋T】键，单击鼠标右键，选择"垂直翻转"，翻转图像，并拖曳到相应的位置，如图 1-4-5 所示。

图 1-4-3

图 1-4-4

图 1-4-5

（4）修改"混合模式"选项→"明度"，单击"添加图层蒙版"按钮 ，如图 1-4-6 所示。选择"渐变工具" ，单击属性栏中的按钮，设置渐变色，如图 1-4-7 所示。

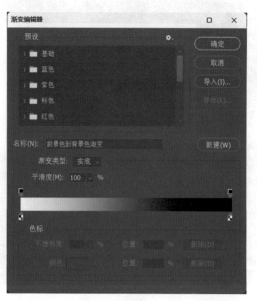

| 图 1-4-6 | 图 1-4-7 |

（5）选择属性中的"反向" ，并在图像窗口中由下至上拖曳渐变色，如图 1-4-8 所示。

图 1-4-8

📝 二、制作人物曝光效果

（1）选择"文件"→"置入"，置入 02 文件（素材/模块一/案例四/02 文件），并拖曳到适当的位置，将其命名为"人物"，如图 1-4-9 所示。

（2）修改"混合模式"选项→"叠加"，将图层拖曳到"创建新图层"按钮 上，进行复制，修改"混合模式"选项→"柔光"，效果如图 1-4-10 所示。

图 1-4-9

图 1-4-10

三、添加文字

(1)选择"横排文字工具"，在适当的位置输入文字"Double vision"，字体为 Mistral，大小为128.02，颜色如图 1-4-11 所示。

(2)并将文字的"混合模式"设为"正片叠底"，如图 1-4-12 所示。

图 1-4-11　　　　　　　图 1-4-12

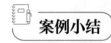

四、保存

执行"文件"→"存储"→"保存到您的计算机上"命令,保存文件。

案例小结

回想人物山水画从古至今已传承多年,由先前的手绘到如今的软件合成,可谓是科技在发展,时代在进步。

通过本次多重曝光效果案例的制作,我们了解到可以通过混合模式选项中的各种模式达到曝光的效果,图层蒙版的修饰让山水画的背景更加梦幻,而两者的合成让整个作品焕然一新,让更多的人向往大自然。

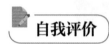

自我评价

请根据自己的完成情况填写表 1-4-1,并根据掌握程度涂☆。

表 1-4-1 自我评价表

知识与技能点	在本案例中的作用(填写关键词)	掌握程度
图层蒙版		☆☆☆☆☆
混合模式		☆☆☆☆☆
文字工具		☆☆☆☆☆
渐变工具		☆☆☆☆☆

案例五 制作素描效果——《福娃》

素描是一种使用相对单一的色彩,借助明度变化来表现对象的绘画方式。它是写实绘画的重要基础,也是最节制、最需要理智来协调的艺术。它以单色线条来表现直观世界中的事物,亦可以表达思想、概念、态度、感情、幻想、象征甚至抽象形式。它不像带色彩的绘画那样重视总体和颜色,而是着重结构和形式。

案例导入

年画福娃是中国古代一种寓意吉祥的形象。它是在漫长的岁月里,随着年节风俗的演变而衍生形成的一种中国民间特殊的象征性装饰艺术,可以追溯到人类远古时期的自然崇拜观念和神灵信仰观念。

中国早期的年画都与驱凶避邪、祈福迎祥这两个母题有着密切关系,在祈祷丰收、祭祀祖宗、驱妖除怪等年节风俗习俗化的过程中,逐渐出现了与之相适应的年节装饰艺术。

《福娃》的素描效果如图 1-5-1 所示。

图 1-5-1

案例分析

对图 1-5-1 所示多重曝光剪影效果图进行以下分析。

布局：以中心布局为主，突出人物性格，更好地代表着一种吉祥如意的形象。

色彩搭配：素描通常以单一的色彩为主，通过明度变化来展现画面，更能体现其结构和形式。

设计感：以大透视、从下往上的角度来展示年画福娃的形象，有一种敬仰、"拜佛"的感觉；这种形象也提高了福娃的地位，它能为人民带来福气，受百姓爱戴。

图片艺术处理设计思路如图 1-5-2 所示。

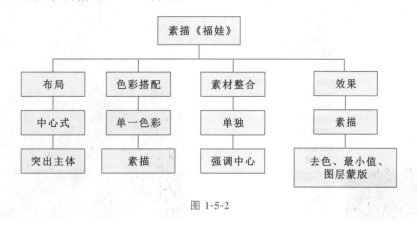

图 1-5-2

学习目标

・**知识目标**

1. 了解什么叫素描。

2. 认识年画福娃的寓意。

3. 理解制作素描效果的过程。

· 技能目标

1. 能掌握去色、最小值、颜色减淡、混合选项、添加杂色、动感模糊等命令。

2. 能制作"素描"效果。

3. 能熟练使用蒙版工具。

· 素养目标

1. 通过案例分析,培养学生分析问题的能力及逻辑思维能力。

2. 通过案例的设计与制作,提高学生对年画福娃的喜爱。

3. 通过学习过程,培养学生自主探究及团结互助的精神。

 操作步骤

制作素描
效果——
《福娃》

📝 一、制作素描效果

(1)打开素材/模块一/案例五/01 文件。

(2)选择"图像"→"调整"→"去色",如图 1-5-3 所示,将图像中的颜色去除,效果如图 1-5-4 所示。

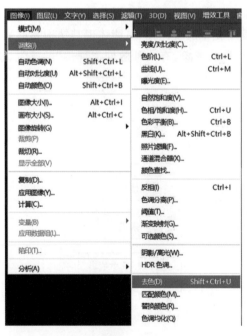

图 1-5-3

图 1-5-4

(3)按【Ctrl+J】键,将"背景"图层复制生成"图层 1",按【Ctrl+I】键,将画面反相显示,效果如图 1-5-5 所示。

(4)选择"滤镜"→"其他"→"最小值",在弹出的"最小值"对话框中设置参数,如图 1-5-6 所示。

(5)单击 确定 按钮,将"图层 1"的"图层混合模式"设置为"颜色减淡",更改混合模式后的效果如图 1-5-7 所示。

图 1-5-5

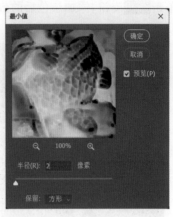

图 1-5-6

图 1-5-7

（6）选择"图层"→"图层样式"→"混合选项"，弹出"图层样式"对话框。按住【Alt】键，将鼠标指针放置在"下一图层"色标左边的三角形滑块上，按住鼠标左键并向右拖曳进行调整，如图 1-5-8 所示。

（7）单击 确定 按钮，调整后的效果如图 1-5-9 所示。

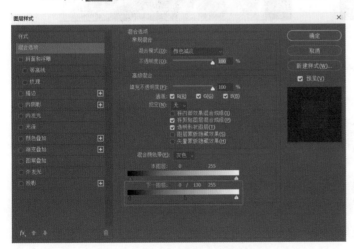

图 1-5-8

图 1-5-9

(8)选择"滤镜"→"杂色"→"添加杂色",在弹出的"添加杂色"对话框中设置参数,如图 1-5-10 所示。

(9)单击 确定 按钮,添加杂色后的效果如图 1-5-11 所示。

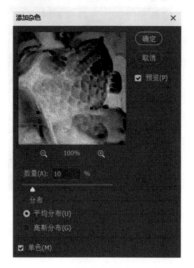

图 1-5-10　　　　　　　　　　　　　　　图 1-5-11

(10)选择"滤镜"→"模糊"→"动感模糊",在弹出的"动感模糊"对话框中调整参数,如图 1-5-12 所示。

(11)单击 确定 按钮,添加动感模糊后的效果如图 1-5-13 所示。

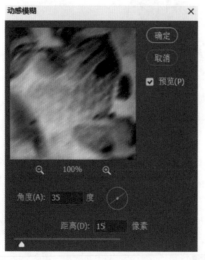

图 1-5-12　　　　　　　　　　　　　　　图 1-5-13

二、图像隐藏

(1)新建"图层 2",并为其填充白色,将"图层 2"隐藏。

(2)将"图层 1"设置为当前图层,选择"快速蒙版模式编辑"工具 ▣,创建如图 1-5-14 所示的选区。

(3)将"图层 2"显示并设置为当前图层,单击"图层"面板下方的 ▣ 按钮,将选区内的图像隐藏,选择"画笔"工具 🖌,在属性栏中设置较大的柔边圆笔头,并将"不透明度"设置为"20%",按住鼠标左键在任务头部位置拖曳出一个小的范围,此时的"图层"面板如图 1-5-15 所示,效果如图 1-5-16 所示。

图 1-5-14

图 1-5-15

图 1-5-16

（4）按【Shift＋Ctrl＋S】键,将文件另存为"制作素描效果.psd"。

案例小结

　　将年画福娃以素描的形式呈现出来,一来是为了让同学们熟悉软件中的各项工具里的命令操作,明白多加操作会产生一个新的效果,二来也是想让同学们对年画福娃有更深入的了解,去了解古代年画对百姓的寓意。

自我评价

　　请根据自己的完成情况填写表 1-5-1,并根据掌握程度涂☆。

表 1-5-1　自我评价表

知识与技能点	在本案例中的作用(填写关键词)	掌握程度
动感模糊		☆☆☆☆☆
添加杂色		☆☆☆☆☆
去色		☆☆☆☆☆
最小值		☆☆☆☆☆
颜色减淡		☆☆☆☆☆
快速蒙版编辑工具		☆☆☆☆☆

案例六　制作超现实合成效果——《书中风景》

合成的最终目的是通过不同的素材呈现出一个完整的图像,最终的图像要表达你的主旨,所有的素材都服务于你想表达的东西。

合成大概分为五个要点:

(1)构图设计,属于想法层面,有规划才能确定大致的方向;

(2)抠图处理,素材的提炼;

(3)色彩调整,属于技术层面,需要使不同素材的色调、饱和度等颜色的属性达到相似的程度;

(4)光影融合,是影响视觉的一个重要因素;

(5)细节改进、善后处理的工作,使场内素材达到更多的交互效果,呈现先后的遮蔽关系等。

读万卷书,不如行万里路。

书中自有黄金屋。

当我们没有多余的时间出去看大好河山时,书籍往往可以填补我们内心的需要,精神食粮的补充也会使人达到最佳状态。从书中认识世界,感受世界,享受世界风景带来的美妙,无形中充实了自我。

《书中风景》的超现实合成效果如图 1-6-1 所示。

图 1-6-1

案例分析

对图 1-6-1 所示超现实合成效果图进行以下分析。

布局：以对称性布局为主，使画面和谐，使人感受书中风景的美妙及大好河山的魅力。

色彩搭配：蓝绿为主，灰白为辅，强调主体，更贴近实际，亲近大自然，使视觉舒适。

设计感：将书与山河、瀑布结合在一起，强调书中自有黄金屋，现实中看不见的，书籍来弥补；瀑布倾注向下流去，突破了书籍的界限，说明书里的知识溢出，更加证实了多看书籍的好处；以天空为背景，感觉书籍像是飘在半空中，以一种悠闲自得的状态呈现在观者面前，说明我们在阅读书籍时要放松、平静下来。

图片艺术处理思路如图 1-6-2 所示。

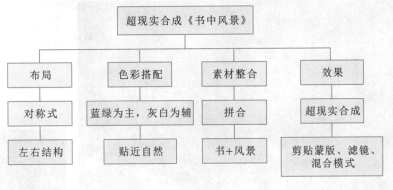

图 1-6-2

**学习目标**

· **知识目标**

1.了解用什么合成、合成的要点。

2.明白读书的奥秘。

3.知道图层蒙版的意义。

· **技能目标**

1.能熟练应用蒙版、色相/饱和度、滤镜、混合模式等工具。

2.能制作"合成"效果。

3.能熟练使用画笔工具。

· **素养目标**

1.通过案例分析，培养学生分析问题的能力及逻辑思维能力。

2.通过案例的设计与制作，培养学生的阅读意识，提高其对大好河山的喜爱程度。

3.通过学习过程，培养学生自主探究及团结互助的精神。

制作超现实
合成效果——
《书中风景》

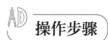操作步骤

✎ 一、制作背景

（1）新建文件，命名为"书中风景"，像素为 1920（宽度）×1080（高度），分辨率为 72 像素/英寸，RGB 模式，背景内容为白色，如图 1-6-3 所示。

（2）导入素材/模块一/案例六/01、02 文件，拖入新建文件中，更改图层名，如图 1-6-4 所示，并使用【Ctrl＋T】键调整大小（可配合【Shift】键等比例缩放）。

图 1-6-3

图 1-6-4

（3）将"云朵"图层的"混合模式"设为"变亮"，"不透明度"设为"81％"，如图 1-6-5 所示，效果如图 1-6-6 所示。

图 1-6-5

图 1-6-6

（4）按【Ctrl＋T】键调整"云朵"的大小和位置，效果如图 1-6-7 所示。

图 1-6-7

二、制作书中背景

（1）导入素材/模块一/案例六/03 文件，按【Ctrl＋T】键调整其大小和位置，并将其命名为"书"，效果如图 1-6-8 所示。

图 1-6-8

（2）导入素材/模块一/案例六/04 文件，按【Ctrl＋T】键调整其大小和位置，并将其命名为"山河"，效果如图 1-6-9 所示。

图 1-6-9

Photoshop 实战案例精粹

（3）在"书"图层，用"快速选择"工具 选择书本的内页，按住【Alt】键可去除不需要的部分。建立选区后，选择"山河"素材，添加图层蒙版，效果如图 1-6-10 所示。

图 1-6-10

（4）用"画笔"工具补足中间的缺口。

（5）取消"山河"素材与蒙版之间的链接，对素材"山河"进行轻微调整。

（6）点击"编辑"→"操控变形"，如图 1-6-11 所示，继续对素材"山河"进行调整，效果如图 1-6-12 所示。

图 1-6-11

图 1-6-12

（7）新建图层，用"仿制图章"工具 去除不需要的部分，样本选择"当前和向下图层"，再用同样的方法在新图层上创建蒙版，效果如图 1-6-13 所示。

图 1-6-13

34

（8）导入素材/模块一/案例六/05 文件，按【Ctrl＋T】键调整其大小和位置，并将其命名为"瀑布1"，添加"蒙版"，用画笔擦除不需要的部分，效果如图 1-6-14 所示。

图 1-6-14

（9）将"瀑布 1"复制并放在右边，得到一个新图层，并将其命名为"瀑布 2"，继续用画笔工具擦除不需要的部分，效果如图 1-6-15 所示。

图 1-6-15

（10）导入素材/模块一/案例六/06 文件，将其命名为"流水"，调整到合适位置，并复制一个放在适当位置，效果如图 1-6-16 所示。

图 1-6-16

(11)新建图层,命名为"水花"。选择画笔工具,"湿介质画笔"中的"印象派"画笔笔刷,如图 1-6-17 所示,调整画笔不透明度,在"瀑布"图层上面刷上几笔,效果如图 1-6-18 所示。

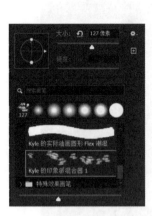

图 1-6-17   图 1-6-18

三、添加装饰物品

(1)导入素材/模块一/案例六/07 文件,命名为"鸟 1",并调整图层顺序,将"鸟 1"放置在"云朵"图层的下方,再调整其大小位置。

(2)复制"鸟 1"生成"鸟 2"新图层,调整到合适状态,再移动其位置,注意图层顺序,将其放置在"山河"图层的下方。效果如图 1-6-19 所示。

图 1-6-19

(3)导入素材/模块一/案例六/08 文件,命名为"烟雾",调整大小并放至合适位置。

(4)新建"色相/饱和度",单击鼠标右键创建"剪贴蒙版",用画笔工具擦除不需要的部分,将"不透明度"设为"80%"。效果如图 1-6-20 所示。

(5)将"烟雾"图层复制一个,按【Ctrl+T】键垂直翻转,调整到适当位置,再用画笔工具擦除不需要的部分,可以适当降低不透明度以达到最佳效果。

(6)导入素材/模块一/案例六/09 文件,命名为"热气球",调整到合适状态,注意图层顺序。

(7)按【Ctrl+Shift+Alt+E】盖印所有图层,找到"滤镜"→"Camera Raw 滤镜"进行参数调整,如图 1-6-21 所示。效果如图 1-6-22 所示。

图 1-6-20

图 1-6-21

图 1-6-22

四、保存

执行"文件"→"存储"→"保存到您的计算机上"命令,保存文件。

案例小结

　　书中的世界是我们无法想象得到的,它的磅礴、伟大更是书籍所不能承载的,所以要通过我们的阅读,将其输送到脑海中,让我们的精神世界更加丰富多彩。

　　《书中风景》的案例设计以大自然为基础,通过蒙版、画笔工具、混合模式等工具将书和万物融为一体,体现出一种超现实合成的效果,客观地传达出读万卷书、行万里路的道理。

自我评价

　　请根据自己的完成情况填写表 1-6-1,并根据掌握程度涂☆。

表 1-6-1　自我评价表

知识与技能点	在本案例中的作用(填写关键词)	掌握程度
剪贴蒙版		☆☆☆☆☆
画笔工具		☆☆☆☆☆
Camera Raw 滤镜		☆☆☆☆☆
盖印图层		☆☆☆☆☆
混合模式		☆☆☆☆☆

作　业

1. 打开"模块一/作业/素材",灵活运用各种调整命令来打造静物的艺术色调:色相/饱和度、可选颜色、色彩平衡、曲线、纯色、图层混合模式、色阶、渐变、图层蒙版。

模块一作业

2. 打开"模块一/作业/素材",使用"去色"命令将花图片去色,使用"照亮边缘"命令、图层混合模式、"反向"命令和"色阶"命令减淡花图片的颜色,使用"复制图层"命令和图层混合模式制作淡彩效果。

模块二
人像后期处理——遇见更美的自己

一张好看的人像照片,前期拍摄和后期修图都很重要。后期修图往往是根据前期的拍摄内容及风格进行延伸,其作用是"起死回生"(拯救"废片")或"锦上添花"(精修原图)。本模块主要针对人像摄影作品中常见的后期处理技巧(如液化、色彩平衡、通道抠图等)进行精修练习——身材优化、皮肤瑕疵修复、色彩调节、抠图换背景等。

案例一　打造完美身材

在拍摄中,有时模特的动作会对身体局部有挤压,例如夹手臂动作会使手臂和身体产生挤压,造成手臂赘肉突出;坐下弯腰会对肚皮产生挤压,造成腹部赘肉突出或者应客户要求对臃肿身材进行适当处理等。这就需要后期来完成,本案例主要通过 PS 中的液化滤镜来进行调整。

案例导入

原图和效果图如图 2-1-1 所示。

原图　　　　　　　　　效果图

图 2-1-1

案例分析

依据对人物所穿服饰与姿势的分析,此原图适合打造一种唯美的高级感,主要从画面、身高、体型、色彩等方面进行修整。所以本案例从问题分析出发,有针对性地进行修图。

对原图情况进行以下分析。

画面:原图左下侧有黑点入境,需要处理掉。

身高:高挑的身材更能显示出此服饰的高级感,所以可以将身高修高一点。

体型:动作对手臂、腹部等有挤压,视觉效果略显赘肉,我们需要对人物的手臂、腹部等部位进行修整。

色彩:整体色彩偏黄,需将颜色往冷色调调一点,体现照片的高冷感。

打造完美身材分析如图 2-1-2 所示。

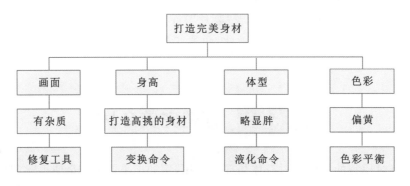

图 2-1-2

 学习目标

· 知识目标

1.了解熟悉 PS 的液化功能。

2.熟悉液化功能里的各种工具。

3.了解人体的肢体比例。

· 技能目标

1.能熟练应用液化工具。

2.能熟练对色彩进行调色。

· 素养目标

1.通过案例分析,培养学生分析问题的能力及逻辑思维能力。

2.通过液化滤镜优化身材,培养学生一丝不苟的精神,渗透人体结构美学知识。

3.通过学习过程,培养学生自主探究及团结互助的精神。

打造完美身材

操作步骤

一、去除杂质

(1)打开素材/模块二/案例一/01 文件,选中"背景"图层,按住左键拖曳到"创建新图层"进行复制。

(2)选中"背景 拷贝"图层,选择"污点修复画笔工具" ,画笔设置如图 2-1-3 所示,在图片左下角污点处进行涂抹,使污点消失。

二、打造高挑身材

(1)按住【Shift】键的同时,将"背景 拷贝"层往上拖动一定距离,注意不要拖动得过高,以免失真,如图 2-1-4 所示。

图 2-1-3   图 2-1-4

(2)选择矩形选框工具 ,框选出人物胸部及以下区域,如图 2-1-5 所示。

(3)选择"编辑"→"自由变换"(【Ctrl+T】),拖动底部中间手柄往下拉,使裙摆与"背景"图层裙摆处重合,如图 2-1-6 所示,按回车键,整个身材适当拉高。

图 2-1-5   图 2-1-6

三、细调身体部位

1. 调手臂

(1)选择"滤镜"→"液化",点击"向前变形工具"![icon],属性栏画笔工具选项设置如图 2-1-7 所示(建议用快捷键"【"和"】"来调节画笔大小)。

(2)左手臂凸起位置往内轻轻推,如图 2-1-8 所示,使上手臂平滑。用同样的方法适当调整左手臂上臂内侧、小手臂,右臂内外侧等位置,如图 2-1-9 所示(注意:可放大图像进行微调,避免走形;右臂内夹角处不可由上往下推,会导致小手臂变形,应从内侧横向往夹角处推,画笔大小实时微调)。

(3)通过观察发现可将左手臂弯曲度调小,按"】"键将画笔大小调整到 170 左右,整体从左往右轻推,再按"【"键调小画笔到 50 左右,对内侧大小手臂进行微调修正,效果如图 2-1-10 所示。

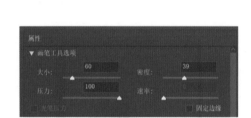

图 2-1-7

图 2-1-8

图 2-1-9

图 2-1-10

2. 调肩颈

将画笔大小调整到 30 左右,适当从上往下推,拉高脖子,如图 2-1-11 所示。

3. 调身体

(1)将画笔大小调整到 60 左右,分别对右侧胸部、腹部往内收进行微调,调整方向如图 2-1-12 所示。

(2)将画笔大小调整到 200 左右,对身体膝盖处整体往内收,调整方向如图 2-1-13 所示。

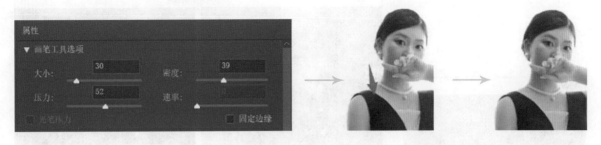

图 2-1-11

（3）将画笔大小调整到 90 左右，对右侧蝴蝶结轮廓进行适当调整，调整方向如图 2-1-14 所示，调整后效果如图 2-1-15 所示。

图 2-1-12　　　　　图 2-1-13　　　　　图 2-1-14　　　　　图 2-1-15

四、调整体色调

（1）选择"图像"→"调整"→"色彩平衡"（【Ctrl＋B】），设置如图 2-1-16 所示。

（2）选择"图像"→"调整"→"色阶"（【Ctrl＋L】），设置如图 2-1-17 所示。

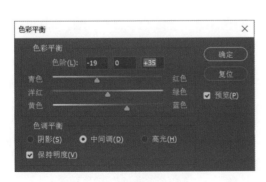

图 2-1-16

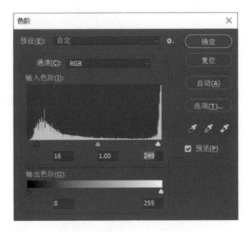

图 2-1-17

（3）选择"图像"→"调整"→"自然饱和度"，设置如图 2-1-18 所示。

（4）选择"图像"→"调整"→"可选颜色"，设置如图 2-1-19 所示，调整后效果如图 2-1-20 所示。

Photoshop 实战案例精粹

图 2-1-18 图 2-1-19

图 2-1-20

五、保存

执行"文件"→"存储"→"保存到您的计算机上"命令，保存文件。

案例小结

本案例重点是使用 Photoshop 滤镜功能中的液化工具进行人体的调整与修改。在进行瘦脸和瘦身等操作时，需要熟悉人体比例，不可过度修图，以免失真。

自我评价

请根据自己的完成情况填写表 2-1-1，并根据掌握程度涂☆。

表 2-1-1 自我评价表

知识与技能点	在本案例中的作用(填写关键词)	掌握程度
自由变换		☆☆☆☆☆
液化		☆☆☆☆☆
色彩平衡		☆☆☆☆☆
色阶		☆☆☆☆☆

案例二 打造美肤脸

在拍摄中,有时模特的皮肤会有如毛孔粗大、痘印、皱纹等瑕疵;有时又会因为光线原因造成唇下和颈部有阴影,影响美观;或者应客户要求对黄黑皮肤进行适当美白处理等。这就需要后期来完成,本案例主要通过 PS 中的混合器画笔工具和仿制图章工具等来进行调整。

 案例导入

原图和效果图如图 2-2-1 所示。

原图　　　　　　　　　效果图

图 2-2-1

案例分析

依据对人物肤质和肤色的分析,此原图人物脸部需要进行美肤处理,主要从肤质、光影、肤色、唇色等方面进行修整。所以本案例从问题分析出发,有针对性地进行修图。

对原图情况进行以下分析。

肤质:人物面部毛孔粗大,有痘印,可以对面部进行磨皮操作,让皮肤更光滑。

光影:人物脸部有油光,颈部和唇下有阴影,可以将油光和阴影都去掉。

肤色:人物的肤色整体偏黄,可以对人物进行美白,使皮肤更加白皙。

唇色:人物的口红不均,可以通过补唇色来让人物妆容更完整。

打造美肤脸分析如图 2-2-2 所示。

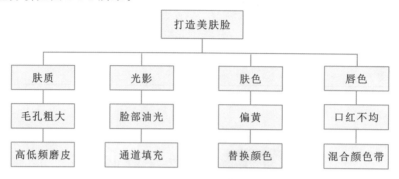

图 2-2-2

 **学习目标**

· **知识目标**

1.了解熟悉 PS 的高低频磨皮原理。

2.熟悉通道面板。

3.了解人体的面部光影。

· **技能目标**

1.能熟练运用混合器画笔工具和仿制图章工具。

2.能熟练运用通道建立选区。

3.能熟练进行颜色替换。

4.能熟练运用图层样式中的混合颜色带。

· **素养目标**

1.通过案例分析,培养学生分析问题的能力及逻辑思维能力。

2.通过优化皮肤,培养学生一丝不苟的精神,渗透人体面部光影美学知识。

3.通过学习过程,培养学生自主探究及团结互助的精神。

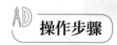 **操作步骤**

打造美肤脸

一、高低频磨皮

(1)打开素材/模块二/案例二/01 文件,选中"背景"图层,按住左键拖曳到"创建新图层"进行复制,并将新图层命名为"低频 光影"。

(2)选中"低频 光影"图层,选择"滤镜"→"模糊"→"高斯模糊",将"高斯模糊"对话框中的半径设置为"3.0 像素",如图 2-2-3 所示,点击"确定"按钮。

(3)选择"创建新的填充或者调整图层"按钮 ，创建黑白调整图层和曲线调整图层,调整曲线以增强面部明暗度,如图 2-2-4 所示。

（4）选择"混合器画笔工具" ，在属性栏中点击按钮 清理画笔，将"潮湿"数值设置为30%，"载入"数值设置为51%，"混合"数值设置为50%，"流量"数值设置为50%，描边平滑度 设置为0。

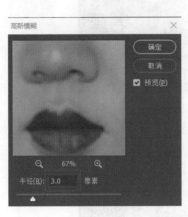

图 2-2-3

图 2-2-4

（5）选中"低频 光影"图层，运用"混合器画笔工具"在人物面部颜色不均和瑕疵点处进行涂抹。为去除颈部阴影，可将人物颈部未被阴影遮盖的点往阴影处进行拖曳涂抹，去除唇下阴影同理，效果如图 2-2-5 所示。

（6）复制"背景"图层（【Ctrl＋J】），并将新图层命名为"高频 质感"，选择"图像"→"应用图像"，将"应用图像"对话框中的图层设置为"低频 光影"，"混合"设置为"减去"，"缩放"设置为"2"，"补偿值"设置为"128"，如图 2-2-6 所示，点击"确定"按钮，并将"高频 质感"图层的混合模式设置为"线性光"。

图 2-2-5

图 2-2-6

（7）选择"仿制图章"工具 ，将其拖曳到人物面部中皮肤细腻的位置，在按住【Alt】键的同时，鼠标指针由仿制图章图标变为圆形十字图标。单击鼠标左键，确定取样点，松开鼠标左键，在人物面部有瑕疵的位置单击并按住鼠标左键，拖曳鼠标复制出取样点及其周围的图像，效果如图 2-2-7 所示。

（8）点击"黑白"调整图层和"曲线"调整图层旁的修改图层可见性按钮 ，隐藏这两个图层。

图 2-2-7

二、去除面部油光

（1）按住【Ctrl】键，同时点击"低频 光影"图层和"高频 质感"图层进行多选，按下【Ctrl＋J】键将其复制，并按【Ctrl＋E】键将新的两个图层合并到一个图层上，命名为"去油光"。

（2）从"图层"面板切换到"通道"面板，选中蓝色通道，单击鼠标右键并选择"复制通道"，选择"图像"→"调整"→"色阶"，在弹出的"色阶"对话框中调整参数，如图 2-2-8 所示，点击"确定"按钮。

（3）选择"套索"工具 ，工具模式选择加选模式 ，用"套索"圈中油光区域，如图 2-2-9 所示，单击鼠标右键，选择"选择"→"反向"，前景色设置为黑色，按住【Alt＋Delete】键填充黑色。

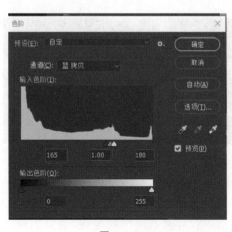

图 2-2-8

图 2-2-9

按住【Ctrl】键的同时点击"蓝 拷贝"的缩略图，使高光区域形成选区，如图 2-2-10 所示，点击 RGB 通道。

(4)切换回"图层"面板,新建图层并将其命名为"去油光 填充",点击前景色板,用拾色器吸管吸取油光区域边缘的肤色,按住【Alt+Delete】键填充前景色,按下【Ctrl+D】键取消选区,调整不透明度至 70%,效果如图 2-2-11 所示。

图 2-2-10

图 2-2-11

三、美白肤色

(1)按住【Ctrl】键,同时点击"去油光"图层和"去油光 填充"图层进行多选,按下【Ctrl+J】键将其复制,并按下【Ctrl+E】键将新的两个图层合并到一个图层上,命名为"美白"。

(2)选择"图像"→"调整"→"替换颜色",在弹出的"替换颜色"对话框中通过吸管吸取人物最白的肤色,并调整参数,如图 2-2-12 所示,点击"确定"按钮。

(3)在图层面板下方点击■按钮,创建图层蒙版,前景色设置为黑色,按【Alt+Delete】键填充黑色。选择画笔工具■,将前景色设置为白色,设置合适的画笔直径,将人物的面部及其颈部和手臂肤色涂抹出来,效果如图 2-2-13 所示。

图 2-2-12

图 2-2-13

四、补充唇色

（1）新建图层并命名为"画笔补充唇色"，选择画笔工具 ，点击前景色板，用拾色器吸管吸取唇部较深的颜色，将画笔不透明度设置为 60%，设置合适的画笔直径，对人物唇部不均的地方进行涂抹，效果如图 2-2-14 所示。

图 2-2-14

（2）运用钢笔工具 勾勒嘴唇轮廓，按【Ctrl＋Enter】键建立选区，按【Shift＋F6】键弹出"羽化选区"对话框，将羽化值设置为 5 像素，效果如图 2-2-15 所示。

图 2-2-15

（3）新建图层并将其命名为"填充补充唇色"，前景色设置为淡红（R:215,G:138,B:137），按住【Alt＋Delete】键填充前景色。将图层混合模式改为"正片叠底"，不透明度改为 75%，双击图层打开图层样式，选择"混合颜色带"，参数如图 2-2-16 所示，单击"确定"按钮，最后效果如图 2-2-17 所示。

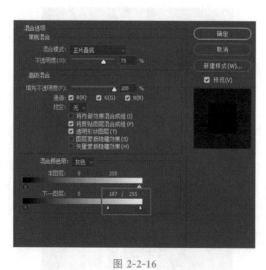

图 2-2-16

图 2-2-17

五、保存

执行"文件"→"存储"→"保存到您的计算机上"命令,保存文件。

 案例小结

本案例重点是使用 Photoshop 中的混合器画笔工具和仿制图章工具进行人体皮肤的调整与修改。在进行磨皮等操作时,需要熟悉人体面部比例,不可过度修图,以免失真。

自我评价

请根据自己的完成情况填写表 2-2-1,并根据掌握程度涂☆。

表 2-2-1 自我评价表

知识与技能点	在本案例中的作用(填写关键词)	掌握程度
混合器画笔		☆☆☆☆☆
仿制图章		☆☆☆☆☆
通道选区		☆☆☆☆☆
替换颜色		☆☆☆☆☆
混合颜色带		☆☆☆☆☆

案例三 打造唯美古风艺术照

工笔画亦称"细笔画",中国画技法类别的一种,与"写意画"对称,即以精谨细腻的笔法描绘景物的中国画表现形式。工笔画风格的照片如今受到很多人的喜爱,在人像后期制作过程中应用比较广泛。

 案例导入

原图和效果图如图 2-3-1 所示。

 案例分析

原片为小朋友在摄影棚拍摄的照片,图片背景边界明显,整体效果比较普通,如果将该片与中国绘画元素相结合,再通过调色做出古风效果,将别有一番味道。

具体分析如图 2-3-2 所示。

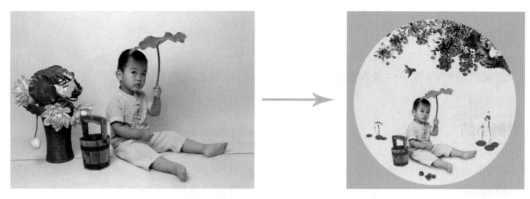

图 2-3-1

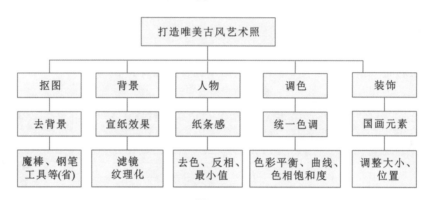

图 2-3-2

 **学习目标**

·知识目标

1.了解工笔画及用纸与技法。

2.知道图层混合模式的原理。

·技能目标

1.能熟练应用图层混合模式。

2.能熟练对色彩进行调色。

·素养目标

1.渗透中国传统文化知识,使学生感受中国画的美。

2.通过学习过程,培养学生自主探究及团结互助的精神。

操作步骤

打造唯美
古风艺术照

一、制作背景

(1)新建文件,大小为 950×950 像素,其他设置如图 2-3-3 所示。

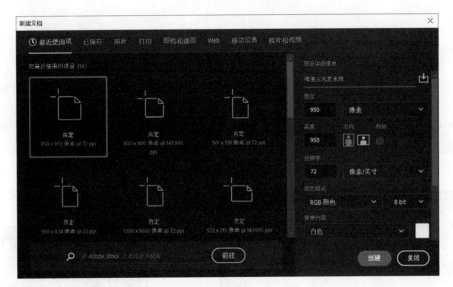

图 2-3-3

（2）将前景色设为（R：241，G：230，B：209），按【Alt＋Delete】键进行填充，再执行"滤镜"→"滤镜库"→"纹理化"命令，设置如图 2-3-4 所示。

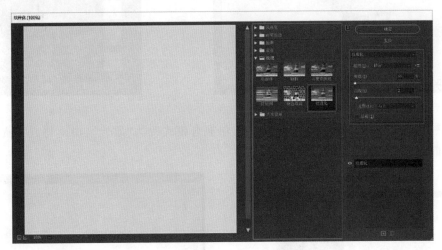

图 2-3-4

（3）新建图层，命名为"画纸 2"，选择"椭圆选框工具" ，按住【Shift】键的同时，拖出一个正圆，如图 2-3-5 所示。

（4）将前景色设为（R：219，G：205，B：177），按【Shift＋Ctrl＋I】键反选，【Alt＋Delete】键填充，再执行"滤镜"→"滤镜库"→"纹理化"命令，设置与背景层一致，效果如图 2-3-6 所示。

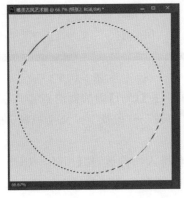

图 2-3-5

图 2-3-6

✍ 二、制作人物古风效果

（1）打开模块二\案例三\素材\01 文件，并将其拖入本文件中，按【Ctrl＋T】键，调整到合适大小，如图 2-3-7 所示，将该图层重命名为"人物"。

（2）将"人物"图层复制一层，选中"人物 拷贝"层，点击"图像"→"调整"→"去色"，再将该层复制一层，执行"图像"→"调整"→"反相"命令，图层混合模式更改为"颜色减淡"，如图 2-3-8 所示。再对该层执行"滤镜"→"其他"→"最小值"命令，设置如图 2-3-9 所示。

图 2-3-7

图 2-3-8

（3）将最上两层合并（快捷键【Ctrl＋E】），图层混合模式改为"柔光"，由此将人物提亮，获得线条感，效果如图 2-3-10 所示。

图 2-3-9

图 2-3-10

（4）选中"人物"图层，图层混合模式调整为"正片叠底"，按【Ctrl】键的同时点击该层小图标，获得人物选区，选中背景层，按【Ctrl＋J】键复制出来，执行"滤镜"→"模糊"→"高斯模糊"命令，半径为 5.0 像素，图层透明度调整为 60％左右。

（5）再次按【Ctrl】键的同时点击"人物"图层小图标，获得人物选区，按【Shift＋Ctrl＋I】键反选，选择画笔工具，前景色为黑色，画笔大小为 80 像素左右，硬度为 0，在背景层上新建一层，画出阴影，如图 2-3-11 所示。

(6)将最上两层同时选中,点击图层下方■按钮,再点击"创建新的填充或调整图层"按钮◎,选择"色相/饱和度",点击面板中■按钮,将饱和度调整为-24左右,如图2-3-12所示。

图 2-3-11

图 2-3-12

(7)再次点击"创建新的填充或调整图层"按钮◎,选择"曲线",点击面板中■按钮,适当下拉一点,如图2-3-13所示。

(8)在同样的位置,选择"色彩平衡",点击■按钮,设置如图2-3-14所示。

图 2-3-13

图 2-3-14

三、加入装饰元素

打开素材/模块二/案例二/02文件,分别将素材中的荔枝树、荷花、麻雀、荔枝果等元素拖入文件中,调整大小,放置在合适的位置,效果如图2-3-15所示。

四、整体调色

选中最顶层,按【Ctrl+Shift+Alt+E】键盖印,形成图层3,点击"创建新的填充或调整图层"按钮◎,选择"曲线",稍下拉,如图2-3-16所示,再选择"色彩平衡",设置如2-3-17所示,最后选择"曲线",点击"自动",如图2-3-18所示,整体调色后效果如图2-3-19所示。

图 2-3-15

图 2-3-16

图 2-3-17

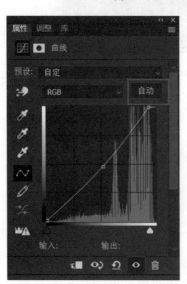

图 2-3-18

图 2-3-19

五、保存

执行"文件"→"存储"→"保存到您的计算机上"命令,保存文件。

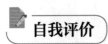 **案例小结**

将照片做成工笔画效果,主要分为三步:第一步做出宣纸的效果,通过滤镜→路径库→纹理化来完成;第二步做出人物的线条感,通过人物去色、反相、最小值,结合图层混合模式来完成;第三步调色,先给人物调色,加入装饰元素后再整体调色,做出宣纸的古风效果。色感与调整的具体数值不是绝对的,需要同学们在实践过程中多积累经验,同时也需要多了解与欣赏中国画的特点与绘画技巧,为自己用 PS 创作奠定理论基础。

 **自我评价**

请根据自己的完成情况填写表 2-3-1,并根据掌握程度涂☆。

表 2-3-1　自我评价表

知识与技能点	在本案例中的作用(填写关键词)	掌握程度
去色、反相、最小值		☆☆☆☆☆
图层混合模式		☆☆☆☆☆
色彩平衡、曲线、色相/饱和度		☆☆☆☆☆

案例四　婚纱照换背景

在婚纱照的制作过程中,有时需要从现有的婚纱照中抠取图像,将抠取的婚纱人物图换一个背景,最大的难点就是要在抠取图像的同时满足婚纱透明的要求,如果是在室外草地等地方拍摄的,那么必须对婚纱裙摆上的花草进行消除处理,即修复婚纱,这些都需要后期来完成。本案例主要通过 PS 中的通道抠图和污点修复画笔工具来进行调整。

案例导入

原图和效果图如图 2-4-1 所示。

案例分析

依据对人物所穿服饰与姿势的分析,想要将人物和婚纱完整地抠取,主要从人物、透明婚纱、婚纱下摆、背景等方面进行修整。所以本案例从问题分析出发,有针对性地进行抠图。

对原图情况进行以下分析。

图 2-4-1

人物:抠取人物可以通过各种抠图工具来建立选区,其中"快速选择工具"最为快捷方便。

透明婚纱:婚纱是透明的,在换背景时,如果使用普通的抠图方式,会将原背景一起抠取出来,所以要想满足婚纱透明的要求,需要使用通道来进行抠图。

婚纱下摆:原图是在室外草地进行拍摄的,婚纱裙摆下方会有一些花草,而我们替换的背景地面是没有花草的,所以需要对裙摆进行修复。

背景:人物的肤色偏黄,与替换的背景不匹配,需要进行美白处理,修复后的裙摆如果直接放进背景中会显得很生硬,需要运用图层蒙版将其与背景融合。

婚纱照换背景分析如图 2-4-2 所示。

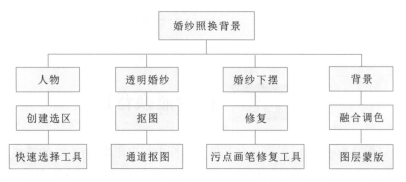

图 2-4-2

📐 学习目标

· 知识目标

1.了解熟悉 PS 的抠图相关工具。

2.了解通道抠图的具体操作。

3.了解调整图层和图层蒙版的应用。

· 技能目标

1.能熟练应用通道抠取图像。

2.能熟练对色彩进行调色。

・**素养目标**

1.通过案例分析,培养学生分析问题的能力及逻辑思维能力。

2.通过运用通道抠取图像,培养学生一丝不苟的精神,并渗透光影美学知识。

3.通过学习过程,培养学生自主探究及团结互助的精神。

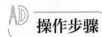 操作步骤

婚纱照换背景

一、抠取人物

(1)打开模块二\案例四\素材\01 文件,选中"背景"图层,按住左键不动拖动到"创建新图层"进行复制,将其命名为"抠图"。

(2)选中"抠图"图层,选择"快速选择工具"，将人物主体选择出来,单击鼠标右键,选择"存储选区",在"存储选区"对话框中将"名称"填写为"人物",如图 2-4-3 所示。

图 2-4-3

二、抠取透明婚纱

(1)从"图层"面板切换到"通道"面板,选择对比最明显的蓝色通道,复制"蓝"通道(【Ctrl+J】),选择"图像"→"调整"→"色阶",用黑色吸管　吸取背景颜色,白色吸管　吸取白色部分,让对比更加明显,如图 2-4-4 所示。

(2)按住【Ctrl】键的同时点击"人物"的缩略图,单击鼠标右键,选择"选择"→"反向",前景色设置为黑色,按【Alt+Delete】键填充黑色,如图 2-4-5 所示。

(3)按住【Ctrl】键同时点击"人物"的缩略图,形成选区,选择画笔工具　,前景色设置为白色,设置合适的画笔直径,用画笔工具将人物主体(除透明婚纱区域外)涂抹成白色,如图 2-4-6 所示。

图 2-4-4

图 2-4-5

图 2-4-6

(4)按住【Ctrl】键同时点击"蓝 拷贝"的缩略图,形成选区,点击 RGB 通道,回到"图层"面板,点击新建蒙版▣,效果如图 2-4-7 所示。

(5)新建图层,将其命名为"纯色背景",前景色设置为蓝紫色(R:135,G:155,B:215),按住【Alt+Delete】键填充前景色,将"纯色背景"图层拖曳至"抠图"图层下方,可以清晰地看到头纱是具有透明效果的,效果如图 2-4-8 所示。

图 2-4-7

图 2-4-8

三、修复婚纱下摆

(1)复制"抠图"图层(【Ctrl+J】),并将新图层命名为"修复婚纱下摆",单击鼠标右键,选择"转换为智能对象"→"栅格化图层"。

(2)选择"污点修复画笔"工具 ![图标],选择合适的画笔直径,对婚纱下摆单根小草进行涂抹,效果如图 2-4-9 所示。

(3)选择画笔工具 ![图标],前景色设置为草木旁的婚纱颜色,设置合适的画笔直径,用画笔工具对草木区域涂抹,注意不要破坏婚纱的光影效果,如图 2-4-10 所示。

图 2-4-9

图 2-4-10

(4)选择橡皮擦工具 ![图标],将裙摆下方不规则的部分擦除,使其变得光滑,效果如图 2-4-11 所示。

图 2-4-11

四、替换背景

(1)打开模块二\案例四\素材\02 文件,用移动工具 ![图标]将"修复婚纱下摆"图层从"婚纱照.psd"移动至"婚纱背景.psd"中,等比例调整其大小至合适的位置上,将其命名为"美白人物"。

(2)选择"创建新的填充或者调整图层"按钮 ![图标],创建"色阶"调整图层,调整其参数,如图 2-4-12 所示。

(3)选择"创建新的填充或者调整图层"按钮 ![图标],创建"曲线"调整图层,调整其参数,如图 2-4-13 所示。

(4)选择"创建新的填充或者调整图层"按钮 ![图标],创建"黑白"调整图层,调整其参数,如图 2-4-14 所示,修改其混合模式为"明度"。

图 2-4-12

图 2-4-13

图 2-4-14

（5）按住【Ctrl】键，同时点击"色阶"图层和"曲线"图层以及"黑白"图层进行多选，按下【Ctrl＋G】键将这三个图层放进一个组里，命名为"美白"。

（6）选中"美白"图层组，在图层面板下方点击 ▣ 按钮，创建图层蒙版，前景色设置为黑色，按住【Alt＋Delete】键填充黑色。选择画笔工具 ✐，将前景色设置为白色，设置合适的画笔直径，将人物的面部及其颈部和手臂肤色涂抹出来。将前景色设置为黑色，设置合适的画笔直径，将人物的眉眼和唇色涂抹出来，效果如图 2-4-15 所示。

图 2-4-15

（7）选中"美白人物"图层，在图层面板下方点击 ▣ 按钮，创建图层蒙版，选择画笔工具 ✐，将前景色设置为黑色，设置合适的画笔直径，将婚纱下摆边缘涂抹出来，使其能与地面背景更好地融合，效果如图 2-4-16 所示。

图 2-4-16

五、保存

执行"文件"→"存储"→"保存到您的计算机上"命令，保存文件。

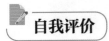 **案例小结**

本案例重点是使用 Photoshop 中的通道进行抠图，同时运用污点修复画笔工具修复婚纱裙摆，在进行修复裙摆等操作时，需要熟悉婚纱的光影结构和褶皱效果，不可过度修图，以免失真。

自我评价

请根据自己的完成情况填写表 2-4-1，并根据掌握程度涂☆。

表 2-4-1　自我评价表

知识与技能点	在本案例中的作用（填写关键词）	掌握程度
快速选择工具		☆☆☆☆☆
通道抠图		☆☆☆☆☆
污点画笔修复工具		☆☆☆☆☆
调整图层		☆☆☆☆☆

作　业

小明刚升入高一，急需办理学生卡，可惜他只有一寸蓝底照片。请你打开"模块二/作业/素材"，帮他快速换上红底并修复痘印，让他的照片完美无瑕。

模块二作业

模块三
艺术字制作——画龙点睛之笔

艺术字在当下设计中使用非常广泛,它的使用让设计更加贴合主题,充分地表达出设计的要素,也让设计的过程变得更加简单,为设计的作品画龙点睛,使传递的信息得以充分展现。

艺术字的合理使用可以让 PS 的设计效果更加优秀,突出和鲜明一直是 PS 设计的要领,这需要在进行艺术字制作的时候充分考虑自己的设计环境,根据设计的背景、色调、含义等进行综合操作,这样才会让设计变得更有效率,也让创作的主题和含义更加鲜明,充分地展现出画面的含义。

案例一 制作烫金字体效果——《盛世华诞》

案例导入

从民族觉醒到走向复兴,近代中国遭受了上百年的风风雨雨。74 年的峥嵘岁月,让中华民族完成了"自立自强",下一个七十年,将是中华民族走向伟大复兴的关键节点。无论时间怎样流逝,1949 年 10 月 1 日始终是中华民族不可忘却的节日,这一天对于整个中国来说,就是一个崭新的开始,每年的 10 月 1 日都值得中华民族共同欢庆。在国庆海报系列中,红色是重要的元素。以国旗作为背景,"盛世华诞"四个烫金字更是突出了国庆的主题。

国庆主题海报《盛世华诞》烫金字效果如图 3-1-1 所示。

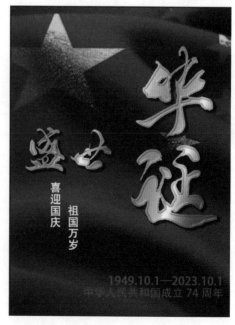

图 3-1-1

案例分析

对图 3-1-1 所示效果图进行以下分析。

(1)以国旗作为背景,有效地突出海报的主旋律。

(2)金色的烫金字和五角星交相辉映,毛笔字体彰显大气端庄。

(3)红色和白色文案紧扣主题的同时也注意了色调的统一。

烫金字制作思路如图 3-1-2 所示。

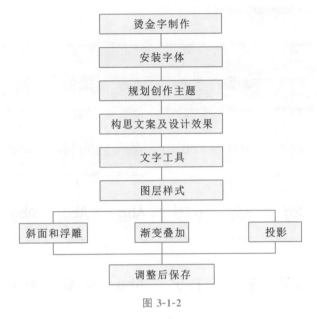

图 3-1-2

 **学习目标**

· **知识目标**

1.了解艺术字的作用。

2.了解艺术字的使用场景。

3.了解艺术字制作的大致流程。

· **技能目标**

1. 能熟练安装所需字体。

2. 能熟练应用文字工具。

3. 能利用图层样式制作相应的效果。

· **素养目标**

1.通过案例分析,培养学生分析问题的能力及逻辑思维能力。

2.通过艺术字的制作,渗透爱国主义思想,激发学生的爱国情怀。

3.通过学习过程,培养学生自主探究及团结互助的精神。

 **操作步骤**

制作烫金字体

效果——

《盛世华诞》

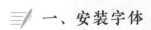 **一、安装字体**

将模块三\案例一\素材"段宁毛笔雅韵体 常规.ttf"文件安装到 C:\Windows\Fonts 文件夹中,如图 3-1-3 所示。

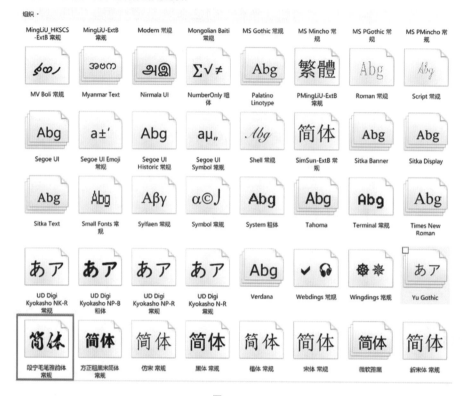

图 3-1-3

二、制作背景

（1）新建文件，命名为"烫金字"，画布尺寸为 42cm×57cm，分辨率为 300 像素/英寸，RGB 模式，背景内容为白色，如图 3-1-4 所示。

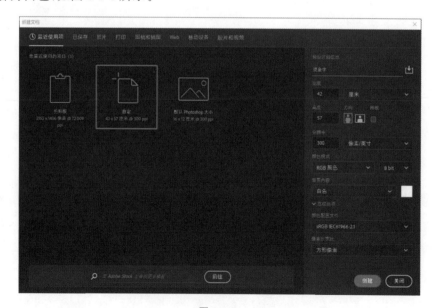

图 3-1-4

（2）打开模块三\案例一\素材\01 文件，拖入新建文件中，更改图层名，并使用【Ctrl＋T】键组合键调整大小（可配合【Shift】键等比例缩放，避免变形），如图 3-1-5 所示。

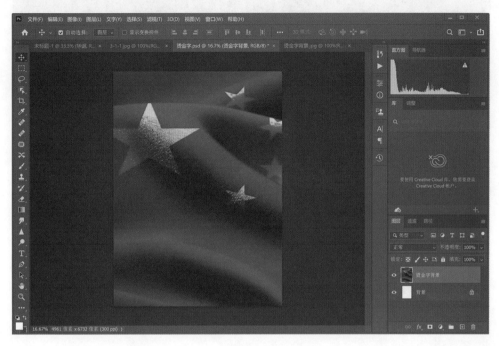

图 3-1-5

三、添加文字图层

（1）选择横排文字工具，新建文字图层，命名为"盛世"，使用安装的"段宁毛笔雅韵体"字体，字体颜色为黑色，字体大小为 250 点，如图 3-1-6 所示。

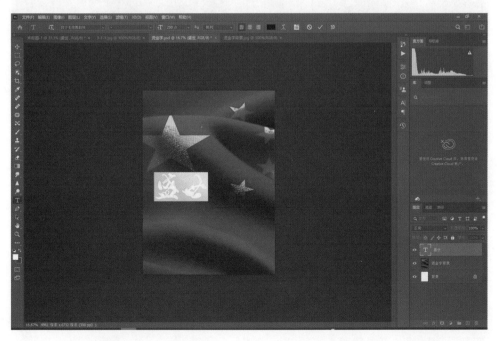

图 3-1-6

（2）选择直排文字工具，新建文字图层，命名为"华诞"，使用安装的"段宁毛笔

Photoshop 实战案例精粹

雅韵体"字体,字体颜色为黑色,字体大小为 500 点,如图 3-1-7 所示。

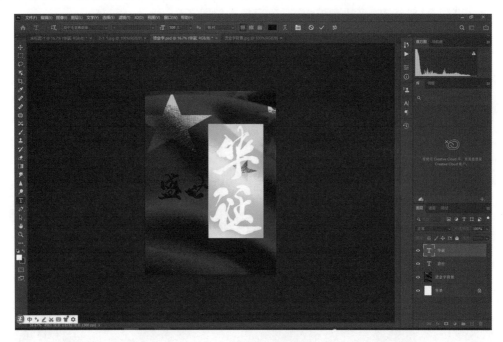

图 3-1-7

四、设置图层样式

(1)选择"华诞"文字图层,单击鼠标右键,选中"混合选项",如图 3-1-8 所示。

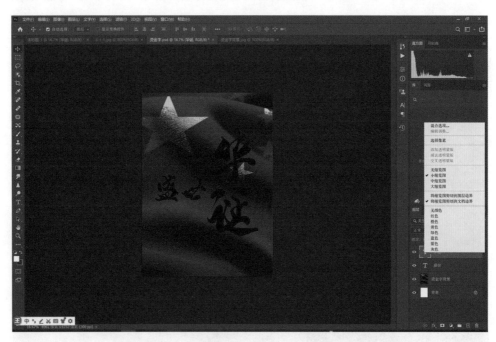

图 3-1-8

(2)选择"图层样式"→"斜面和浮雕","样式"选择"内斜面","阴影模式"选择"正片叠底",如图 3-1-9 所示。阴影颜色可参照图 3-1-10 进行设置。

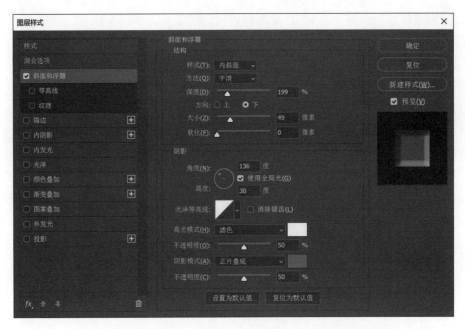

图 3-1-9

图 3-1-10

（3）选择"图层样式"→"斜面和浮雕"→"等高线"，设置如图 3-1-11 所示。

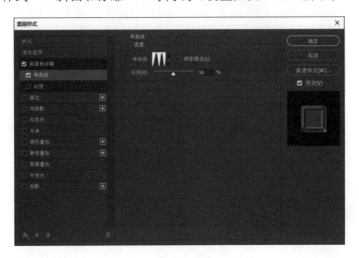

图 3-1-11

（4）选择"图层样式"→"渐变叠加"，"混合模式"选择"正常"，"不透明度"选择"100％"，"样式"选择"线性"，"角度"选择"161 度"，"缩放"选择"100％"，分别设置渐变色标 1～渐变色标 4 的颜色，如图 3-1-12 和图 3-1-13 所示。

图 3-1-12

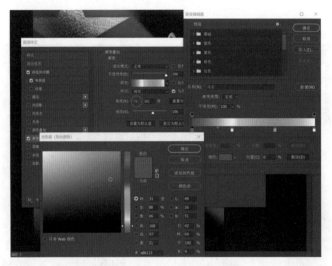

图 3-1-13

（5）选择"图层样式"→"投影"，"混合模式"选择"正片叠底"，"不透明度"选择"80％"，"角度"选择"136 度"，"距离"选择"67 像素"，"扩展"选择"33％"，"大小"选择"35 像素"，如图 3-1-14 所示。

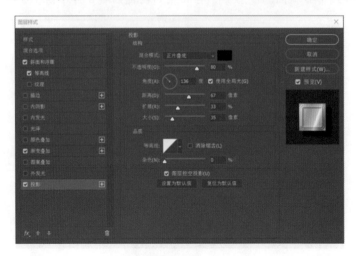

图 3-1-14

（6）选择已经设置好的"华诞"图层文字部分，单击鼠标右键，选择"拷贝图层样式"，如图 3-1-15 所示。

（7）选择"盛世"图层文字部分，单击鼠标右键，选择"粘贴图层样式"，就会直接设置与"华诞"图层一模一样的图层样式了。

（8）在画面的相应位置，用"文字工具"加上"1949.10.1—2023.10.1……"等构思好的文案，调整好位置、大小、颜色等，如图 3-1-16 所示。

图 3-1-15

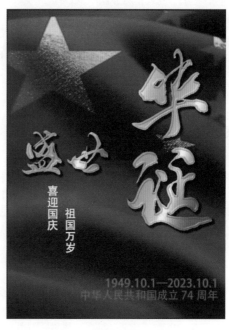

图 3-1-16

五、保存

执行"文件"→"存储"→"保存到您的计算机上"命令，保存文件。

案例小结

《盛世华诞》海报通过图层"混合选项"中的"斜面和浮雕""渐变叠加""投影"等功能的灵活运用，在画面中呈现了"烫金字"的效果，渲染出热烈喜庆的节日氛围，也与背景的金色五角星交相辉映，点明了海报的主题。

自我评价

请根据自己的完成情况填写表 3-1-1,并根据掌握程度涂☆。

表 3-1-1　自我评价表

知识与技能点	在本案例中的作用(填写关键词)	掌握程度
安装字体		☆☆☆☆☆
横排、直排文字工具的灵活使用		☆☆☆☆☆
混合选项→斜面和浮雕		☆☆☆☆☆
混合选项→渐变叠加		☆☆☆☆☆
混合选项→投影		☆☆☆☆☆
复制图层样式		☆☆☆☆☆

案例二　制作穿插字效果——《立夏》

案例导入

　　立夏,是我国二十四节气中夏季的第一个节气,时至立夏,万物繁茂。立夏后,日照增强,逐渐升温,雷雨增多。立夏是表示万物进入旺季生长的一个重要节气。

　　立,是建立、开始的意思。夏,在古语里是大的意思。万物至此,已经长大,得名立夏。

　　节气主题海报"立夏"穿插字效果如图 3-2-1 所示。

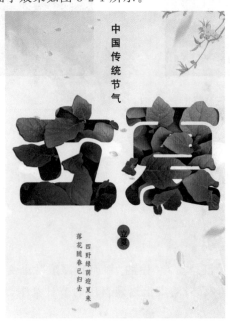

图 3-2-1

**案例分析**

对图 3-2-1 所示效果图进行以下分析。

(1)绿色的文字效果彰显了"立夏"的主题,又具有层次的变化。

(2)绿叶从文字的镂空处不可阻挡地生长出来,生命力蓬勃向上。

穿插字制作思路如图 3-2-2 所示。

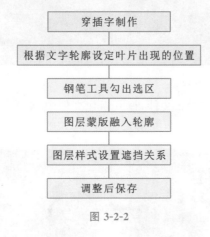

图 3-2-2

学习目标

·**知识目标**

1.了解二十四节气的相关知识。

2.了解画面色调的含义。

3.了解画面元素的遮挡关系。

·**技能目标**

1.能熟练使用自由钢笔工具。

2.能熟练使用图层蒙版。

3.能熟练调整图层顺序,设置遮挡关系。

·**素养目标**

1.通过案例分析,培养学生分析问题的能力、逻辑思维能力和审美的能力。

2.通过艺术字的制作,渗透中国传统文化知识,激发学生的爱国情怀。

3.通过学习过程,培养学生自主探究精神。

**操作步骤**

制作穿插字

效果——

《立夏》

一、制作背景

(1)新建文件,命名为"穿插字",保存为 psd 格式,画布尺寸为 42cm×57cm,分辨率为 300 像素/英寸,RGB 模式,背景为白色,如图 3-2-3 所示。

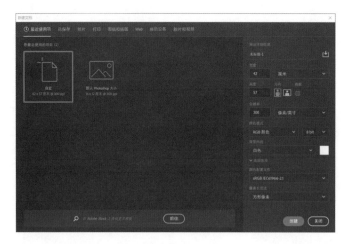

图 3-2-3

（2）打开素材/模块三/案例二/02 文件，拖入新建文件中，更改图层名，并使用【Ctrl＋T】键调整大小（可配合【Shift】键等比例缩放，避免变形），如图 3-2-4 所示。

图 3-2-4

二、添加文字图层

（1）选择横排文字工具，新建文字图层，命名为"立夏"，字体为华文琥珀，字体颜色为黑色，字体大小为 560 点。降低文字不透明度为 80％，如图 3-2-5 所示。

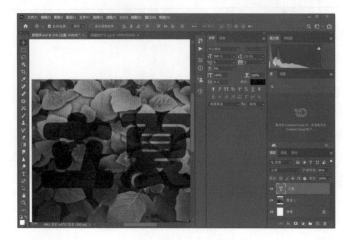

图 3-2-5

（2）使用"自由钢笔工具"，沿文字边缘，勾勒与文字轮廓相接的部分叶子边缘，如图 3-2-6 所示。

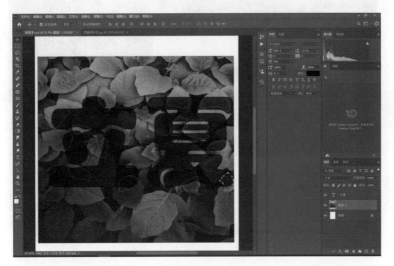

图 3-2-6

（3）选中"图层 1"叶子所在图层，按住【Ctrl＋Enter】键，让路径转换成选区，如图 3-2-7 所示。

图 3-2-7

（4）给"图层 1"添加图层蒙版，如图 3-2-8、图 3-2-9 所示。

图 3-2-8

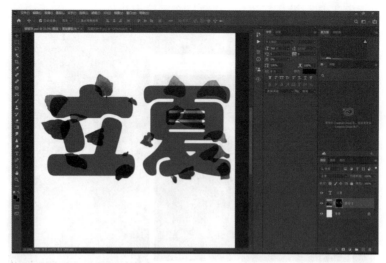

图 3-2-9

（5）选中"图层 1"，按【Ctrl＋J】键复制，如图 3-2-10 所示。

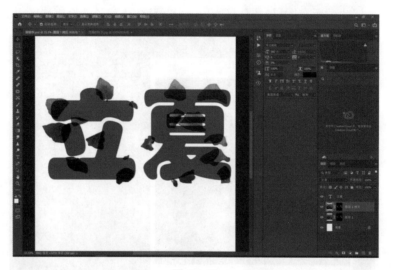

图 3-2-10

（6）删除"图层 1 拷贝"图层蒙版，如图 3-2-11 所示。

图 3-2-11

(7)选中文字图层,按【Ctrl＋Enter】键,让文字转换成选区,如图 3-2-12 所示。

图 3-2-12

(8)选中"图层 1 拷贝",添加蒙版,如图 3-2-13 所示。

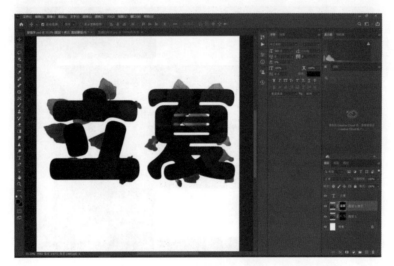

图 3-2-13

(9)将"图层 1"移至最上方,让蒙版露出的叶子对下面的图层进行遮挡,如图 3-2-14 所示。

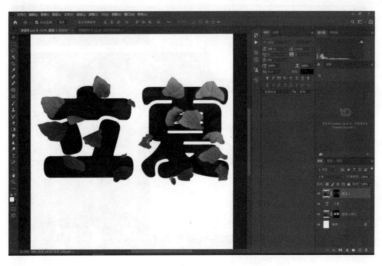

图 3-2-14

Photoshop 实战案例精粹

（10）将文字图层"立夏"的不透明度拉回 100％，将填充改为 0，如图 3-2-15 所示。

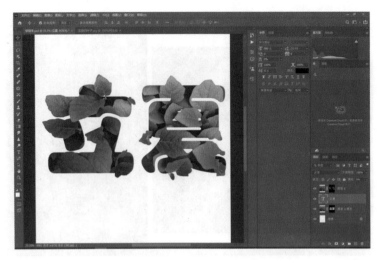

图 3-2-15

（11）给文字图层"立夏"添加图层样式——内阴影，参数可参照图 3-2-16。

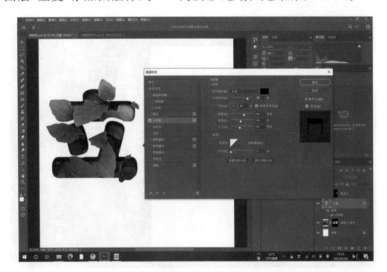

图 3-2-16

（12）选中"图层 1"，添加图层样式——投影，参数可参照图 3-2-17，使画面出现立体的层叠关系。

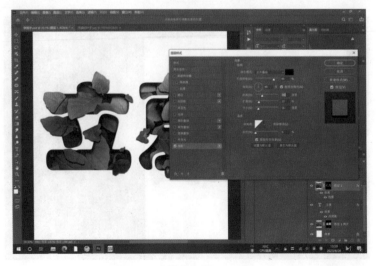

图 3-2-17

78

(13)选择"图层 1"→"投影",选中"创建图层",选中"立夏"文字图层,按【Ctrl+Enter】键并将"立夏"两字载入选区,按【Ctrl+Shift+I】键反选,使"立夏"以外的区域形成选区。选中"图层 1 的投影"图层,建立图层蒙版,使叶子与文字边缘部分自然过渡,如图 3-2-18 所示。

图 3-2-18

✎ 三、修饰画面整体效果

拖入素材/模块三/案例二/01 文件,并调整好大小,利用画笔工具、直排文字工具美化修饰画面,效果如图 3-2-19 所示。

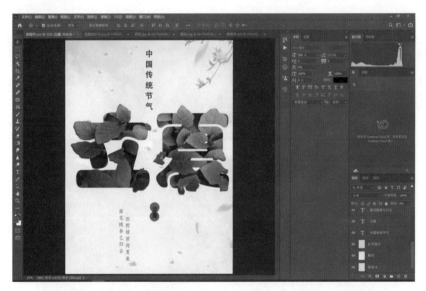

图 3-2-19

✎ 四、保存

执行"文件"→"存储"→"保存到您的计算机上"命令,保存文件。

案例小结

　　《立夏》海报通过自由钢笔工具、图层蒙版、图层混合选项等功能的灵活运用,再利用图层遮挡关系,在画面中呈现了"穿插字"的效果,也凸显出了立夏时节的生机盎然,背景、装饰文案和形状的运用也使整个画面的主题更加突出。

 自我评价

　　请根据自己的完成情况填写表 3-2-1,并根据掌握程度涂☆。

表 3-2-1　自我评价表

知识与技能点	在本案例中的作用(填写关键词)	掌握程度
自由钢笔工具		☆☆☆☆☆
图层蒙版		☆☆☆☆☆
图层的遮挡关系		☆☆☆☆☆

案例三　制作消散字效果——《人生不迷茫,青春不落幕》

 案例导入

　　海报《人生不迷茫,青春不落幕》使用消散字效果,突出了迷茫的青春犹如即将消散的雾气,唯有勇往直前,心中有方向,才能拨云见日;又犹如深海风雨,唯有坚定不移,不断奋斗,才能扶摇直上的寓意。效果如图 3-3-1 所示。

图 3-3-1

案例分析

对图 3-3-1 所示效果进行以下分析。

消散字效果让即将消散的青春迷茫呈现在画面上,配上"青春不落幕"文案,给观者带来精神的指引和力量。

消散字制作思路如图 3-3-2 所示。

图 3-3-2

学习目标

· **知识目标**

1.了解模糊工具的作用。

2.了解图层混合模式的作用。

· **技能目标**

1.能熟练使用路径模糊进行对应效果设置。

2.能熟练使用图层混合模式进行对应效果设置。

· **素养目标**

1.通过案例分析培养学生分析问题的能力、逻辑思维能力和审美的能力。

2.通过本案例的制作,激发学生积极向上、勇于拼搏的精神。

3.通过学习过程,培养学生自主探究精神。

操作步骤

 **一、制作背景**

(1)新建文件,命名为"消散字",保存为 psd 格式,画布尺寸为 57cm×42cm,分辨率为 300 像素/英寸,RGB 模式,背景为白色。

制作消散字
效果——
《人生不迷茫,
青春不落幕》

（2）打开素材/模块三/案例三/01 文件，拖入新建文件中，命名为"图层 1"，并使用【Ctrl＋T】键调整大小（可配合【Shift】键等比例缩放，避免变形）。

二、添加文字图层

（1）选择横排文字工具，新建文字图层，命名为"人生不迷茫"，字体选择段宁毛笔雅韵体，颜色为蓝色，字体大小为 200 点，字符属性参数如图 3-3-3 所示。

图 3-3-3

（2）新建文字图层"青春不落幕"，调整字体大小为 150 点，其他参数同"人生不迷茫"图层。效果如图 3-3-4 所示。

图 3-3-4

（3）选中"人生不迷茫"图层，按【Ctrl＋J】键，复制图层，创建"人生不迷茫 拷贝"图层。

（4）选中"人生不迷茫 拷贝"图层，选择"滤镜"→"模糊画廊"→"路径模糊"，将此图层转化成智能对象。

（5）选择"路径模糊"→"后帘同步闪光"，参数如图 3-3-5 所示。接着增加和调整控制点的个数和位置。

图 3-3-5

（6）点击"确定"后效果如图 3-3-6 所示。

图 3-3-6

（7）将"人生不迷茫　拷贝"图层的混合模式改为"溶解"，如图 3-3-7 所示。

图 3-3-7

Photoshop 实战案例精粹

 三、修饰画面整体效果

打开素材/模块三/案例三/02 文件,使用直线工具和文字工具添加文字等修饰元素,如图 3-3-8 所示。

图 3-3-8

 四、保存

执行"文件"→"存储"→"保存到您的计算机上"命令,保存文件。

案例小结

《人生不迷茫,青春不落幕》海报通过路径模糊、图层混合、图层蒙版等功能的灵活运用,在画面中呈现了"消散字"的效果,突出只有奋斗的青春,才会让迷茫消散,让人生充满意义。背景、装饰文案和形状的运用也使整个画面的主题更加突出。

自我评价

请根据自己的完成情况填写表 3-3-1,并根据掌握程度涂☆。

表 3-3-1　自我评价表

知识与技能点	在本案例中的作用(填写关键词)	掌握程度
路径模糊		☆☆☆☆☆
图层混合模式		☆☆☆☆☆

84

案例四 **制作亚克力字效果——《鸿蒙问世，中华有为》**

案例导入

华为鸿蒙系统(HUAWEI Harmony OS)是一款全新的面向全场景的分布式操作系统,它的愿景是创造一个超级虚拟终端互联的世界,鸿蒙这个名字意为"万物起源",同时也寓意国产操作系统的开端。鸿蒙操作系统迭代至今,运用领域广泛,深受国人的喜爱和支持。

鸿蒙系统海报《鸿蒙问世,中华有为》亚克力字效果如图 3-4-1 所示。

图 3-4-1

案例分析

对图 3-4-1 所示效果进行以下分析。

鸿蒙系统英文 Logo 的出现像天地初开时的朝霞,给混沌世界带来了光明。中文文案在下方点题,也做了相应的亚克力文字效果与之呼应,大方明了。

亚克力字制作思路如图 3-4-2 所示。

图 3-4-2

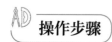 学习目标

・知识目标

1.了解填充图层的作用。

2.了解图层渐变叠加的作用。

・技能目标

1.能熟练使用图层蒙版进行对应效果设置。

2.能熟练对图层进行合并。

3.能熟练运用【Ctrl】【shift】【Alt】等功能键进行快捷操作。

・素养目标

1.通过案例分析培养学生分析问题的能力、逻辑思维能力和审美的能力。

2.通过本案例的制作,激发学生强烈的爱国热情。

3.通过学习过程,培养学生自主探究精神。

制作亚克力字
效果——
《鸿蒙问世,
中华有为》

操作步骤

✎ 一、制作背景

(1)新建文件,命名为"亚克力字",保存为 psd 格式,画布尺寸为 57cm×42cm,分辨率为 300 像素/英寸,RGB 模式,背景为黑色。

(2)打开素材/模块三/案例四/01 文件,拖入新建文件中,命名为"图层 1",并使用【Ctrl+T】键调整大小。

✎ 二、制作亚克力字效果

(1)选择横排文字工具,新建文字图层,命名为"鸿蒙问世,中华有为",字体为黑体,字体颜色为白色,字体大小为 116 点,字符属性参数如图 3-4-3 所示。

(2)按【Ctrl】键,点击文字图层,建立选区。效果如图 3-4-4 所示。

(3)选择"创建新的填充或调整图层"→"纯色"。效果如图 3-4-5 所示。

(4)选取跟朝霞相呼应的金黄色,如图 3-4-6 所示。

(5)按【Alt】键,点击图层蒙版,如图 3-4-7 所示。

(6)选中蒙版,进入蒙版编辑区,进行编辑。选择"滤镜"→"模糊"→"动感模糊",如图 3-4-8 所示,参数如图 3-4-9 所示。

(7)点击图层,改图层混合模式为"强光",如图 3-4-10 所示。

(8)选择"创建新的填充或调整图层"→"纯色",进行纯色填充,效果如图 3-4-11 所示。

(9)按【Alt】键,点击"颜色填充 2"图层蒙版后,按【Ctrl】键,点击文字图层,载入文字选区,效果如图 3-4-12 所示。

(10)选择"编辑"→"描边",宽度为 8,颜色为黑色,效果如图 3-4-13 所示。

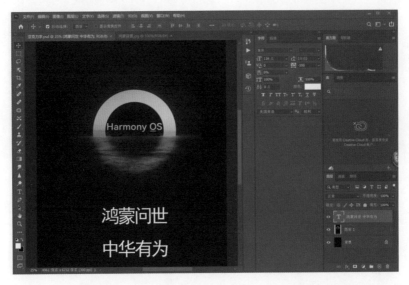

图 3-4-3

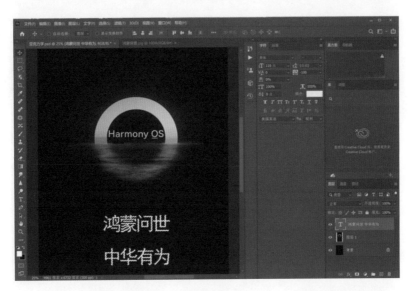

图 3-4-4

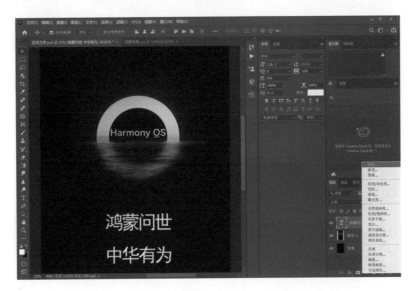

图 3-4-5

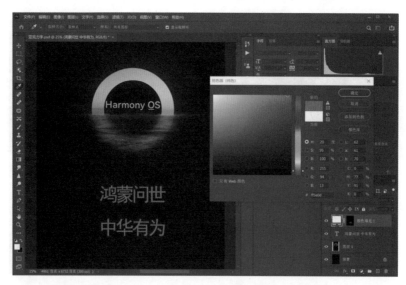

图 3-4-6

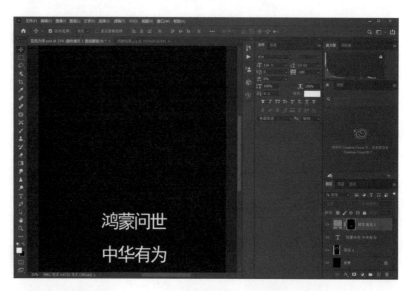

图 3-4-7

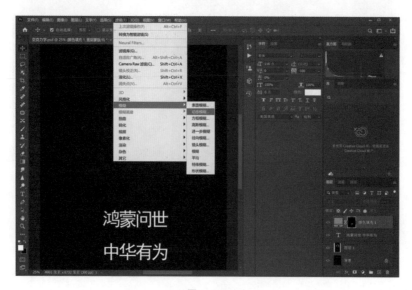

图 3-4-8

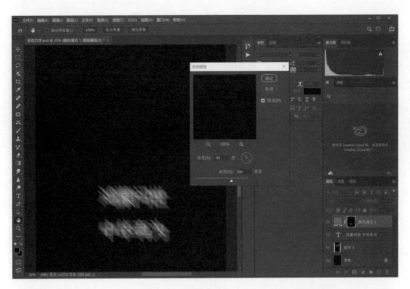

图 3-4-9

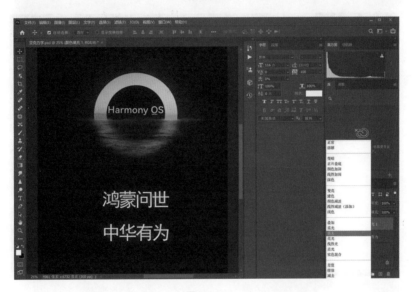

图 3-4-10

图 3-4-11

Photoshop 实战案例精粹

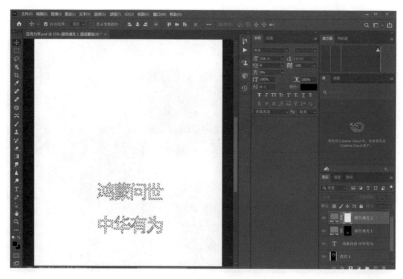

图 3-4-12

图 3-4-13

（11）按【Ctrl＋D】键取消选区，选择"滤镜"→"模糊"→"动感模糊"，效果如图 3-4-14 所示。

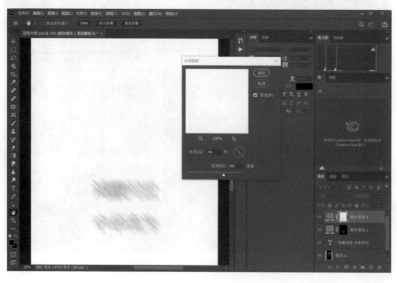

图 3-4-14

（12）选择"滤镜"→"风格化"→"查找边缘"，按【Ctrl＋I】键反相，点击"颜色填充 2"图层，效果如图 3-4-15 所示。

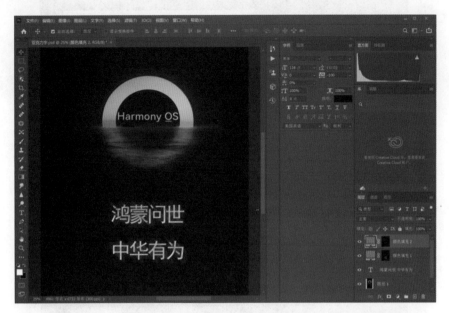

图 3-4-15

（13）按【Ctrl＋J】键复制 10 个"颜色填充 2 拷贝"图层，在按住【Shift】键同时选中所有拷贝图层，按【Ctrl＋E】键，将它们和颜色填充图层合并成"颜色填充 2 拷贝 10"图层，效果如图 3-4-16 所示。

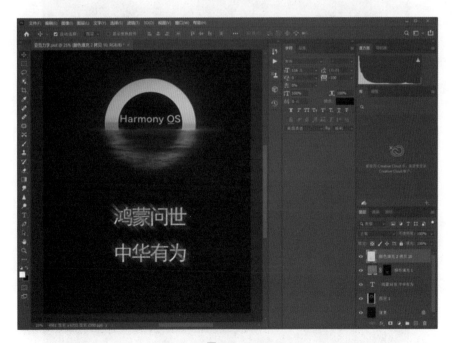

图 3-4-16

（14）将文字图层移动到顶层，进入"图层样式"，添加"渐变叠加"效果，参数可参照图 3-4-17 进行设置。

（15）复制一个文字图层，放在文字图层下方，并把图层的"不透明度"改为 40％，移动其位置，产生的错位效果如图 3-4-18 所示。

（16）再复制一个文字图层，并把图层的"不透明度"改为 27％，移动文字位置，让其具有投影的效果，如图 3-4-19 所示。

Photoshop 实战案例精粹

图 3-4-17

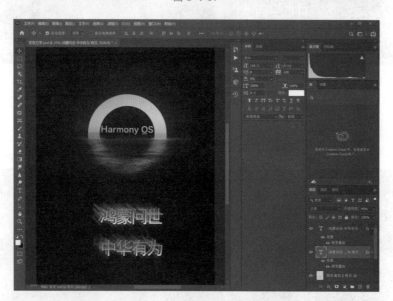

图 3-4-18

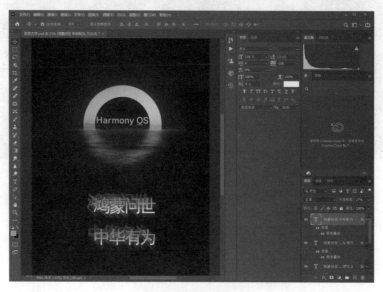

图 3-4-19

三、保存

执行"文件"→"存储"→"保存到您的计算机上"命令,保存文件。

 案例小结

《鸿蒙问世,中华有为》海报通过填充图层、图层蒙版、图层样式、滤镜等功能让文字产生亚克力字体的效果,使画面更具观感。

自我评价

请根据自己的完成情况填写表 3-4-1,并根据掌握程度涂☆。

表 3-4-1　自我评价表

知识与技能点	在本案例中的作用(填写关键词)	掌握程度
填充图层		☆☆☆☆☆
图层蒙版		☆☆☆☆☆
合并图层		☆☆☆☆☆
图层样式→渐变叠加		☆☆☆☆☆

作　业

1.利用素材/模块三/作业/01 文件,完成"烫金字"效果的制作。

2.利用素材/模块三/作业/02 文件,完成"穿插字"效果的制作。

3.利用素材/模块三/作业/03 文件,完成"消散字"效果的制作。

4.利用素材/模块三/作业/04 文件,完成"亚克力字"效果的制作。

模块三作业

模块四
海报制作——艺术与故事的交汇之美

海报,又名宣传画,主要用于产品的宣传,它采用平面设计的艺术手法表现广告主题,通过印刷、写真、喷绘等手法张贴于户内外公共场所,引起大家注意,把主题内容转化成视觉信息,迅速传达给观众,给观众留下深刻的印象。

海报一般分为社会公益海报、文化事业海报和商业海报。

社会公益海报:包括节日、交通、环保、法律、社会公德和政治活动等公益宣传广告。

文化事业海报:包括电影、音乐、戏剧、展览、体育等方面的宣传广告。

商业海报:主要是企业的产品宣传或者形象宣传广告等。

案例一 设计电影海报——《我和我的祖国——前夜》

电影海报属于文化事业海报,作为电影营销的重要组成部分,是宣传电影、吸引观众的重要手段。每一部电影都有独特的故事,而电影海报设计则是将这个故事以视觉的形式展现给观众。观众在看到电影海报短暂的一瞥间即可感受到电影的情节魅力,勾起好奇心,渴望进入电影的世界,从而提升电影票房。

案例导入

电影《我和我的祖国》取材于中华人民共和国成立 70 周年以来,祖国经历的无数个历史性经典瞬间。影片由"前夜""相遇""夺冠""回归""北京你好""白昼流星""护航"七个故事组成,演绎了七组普通人与国家大事件息息相关的经历。聚焦大时代大事件,普通人和国家之间,看似遥远实则密切关联,唤醒全球华人的共同回忆。

"前夜"讲述的是 1949 年 10 月 1 日中华人民共和国成立前夕,为保障开国大典国旗顺利升起,电动旗杆设计安装者林治远争分夺秒、排除万难,用一个惊心动魄的未眠之夜确保立国大事"万无一失",而护旗手老方等千千万万参与开国大典的工作人员和人民群众齐心协力,攻克了一个又一个难题,终于保障五星红旗顺利飘扬在天安门广场上空。

图 4-1-1

《我和我的祖国——前夜》的海报效果图如图 4-1-1 所示。

 案例分析

对图 4-1-1 所示海报效果图进行以下分析。

布局：以对称性布局为主，体现了正剧中的严肃、庄重感，十分符合电影主旋律。

色彩搭配：黑白效果为底，主体部分为彩色，有效突出主体，深红色醒目的文字具有厚重感，能够营造紧张的气氛，抓住观众的猎奇感。

设计感：弱化的黑白剧照背景加上多层撕纸效果，代表着为开国大典国旗顺利升起而默默付出努力的每一个人、每一个动人场景。通过众人共同的努力，旗杆设计安装者林治远最终安装成功而露出喜悦激动的表情，令人感动。

《我和我的祖国——前夜》海报设计思路如图 4-1-2 所示。

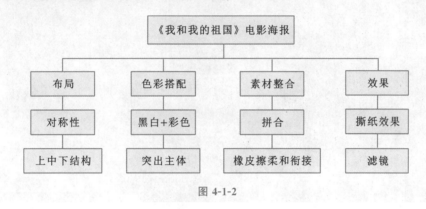

图 4-1-2

 学习目标

· **知识目标**

1. 了解什么是海报，海报的分类。

2. 知道平面设计常用设计尺寸。

3. 知道快速蒙版的意义。

· **技能目标**

1. 能熟练应用橡皮擦工具。

2. 能制作"撕纸"效果。

3. 能熟练使用文字工具。

· **素养目标**

1. 通过案例分析培养学生分析问题的能力及逻辑思维能力。

2. 通过海报的设计与制作，渗透爱国主义思想，激发学生的爱国情怀。

3. 通过学习过程，培养学生自主探究及团结互助的精神。

设计电影海
报——《我和我的
祖国——前夜》

操作步骤

一、制作背景

（1）新建文件，命名为"我和我的祖国海报"，大小为 1200×1600 像素，分辨率为 72 像素/英寸，RGB 模式，背景为黑色，如图 4-1-3 所示。

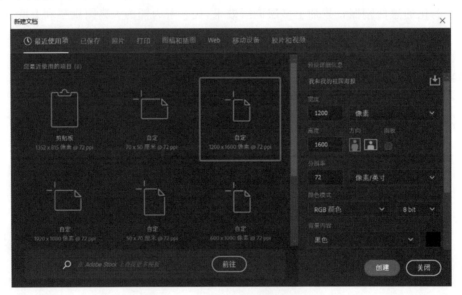

图 4-1-3

（2）打开素材/模块四/案例一/01、02 和 03 文件，拖入新建文件中，更改图层名，如图 4-1-4 所示，并使用【Ctrl＋T】键调整大小（可配合【Shift】键等比例缩放，避免人物变形），如图 4-1-5 所示。

图 4-1-4

图 4-1-5

（3）选择橡皮擦工具，并进行硬度及大小设置，如图 4-1-6 所示。选择"图层 1"，用橡皮擦工具上下擦拭，使三张图衔接自然，效果如图 4-1-7 所示。

图 4-1-6

图 4-1-7

(4)合并所见图层,并复制一层,如图 4-1-8 所示。新建一层,填充白色,调整到第二图层位置,选择"背景 拷贝"图层,选择"图像"→"调整"→"去色",在弹出的对话框中,将不透明度调整为65%,如图 4-1-9 所示,再将"背景 拷贝"与"图层 1"合并。

图 4-1-8

图 4-1-9

二、制作撕纸效果

(1)新建一个图层,选择套索工具,套索出图像上面部分,再单击"添加到选区",套索出下面部分,如图 4-1-10 所示。

(2)单击工具栏中的 (或按【Q】键),进入快速蒙版模式编辑状态,如图 4-1-11 所示。选择"滤镜"→"像素化"→"晶格化",在弹出的对话框中,设置单元格大小为 10,如图 4-1-12 所示。

图 4-1-10

图 4-1-11

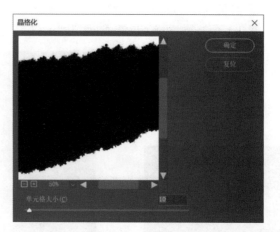

图 4-1-12

（3）单击工具栏中的 （或按【Q】键），退出快速蒙版编辑状态，设置前景色，使用【Alt＋Delete】键将其填充，使用【Ctrl＋D】键取消选择。

（4）选择"滤镜"→"滤镜库"，在弹出的对话框中，选择"纹理"中的"纹理化"，设置如图 4-1-13 所示。

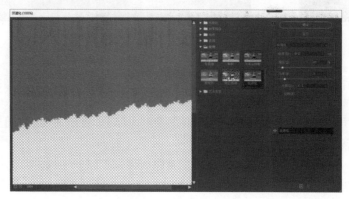

图 4-1-13

（5）重复两次操作步骤（1）～（4），分别制作出三层撕纸效果，如图 4-1-14 所示。

图 4-1-14

（6）将图层 1 调整到顶层，设置不透明度为 67％，如图 4-1-15 所示。

图 4-1-15

（7）选择套索工具 ，在图片上下画出撕纸的位置，如图 4-1-16 所示。按【Q】键进入快速蒙版模式，执行"滤镜"→"像素化"→"晶格化"命令，数值不变，再按【Q】键退出快速蒙版模式，使用【Shift＋Ctrl＋I】键反选，按【Delete】键删除，使用【Ctrl＋D】键取消选择，如图 4-1-17 所示。

图 4-1-16　　　　　　　　　　　　　　　　图 4-1-17

Photoshop 实战案例精粹

(8)选择"图层 4",添加图层样式,设置如图 4-1-18 所示。用同样的方法为图层 3 和图层 2 添加投影(或按【Alt】键的同时,拖动投影效果到其他两个图层),效果如图 4-1-19 所示。

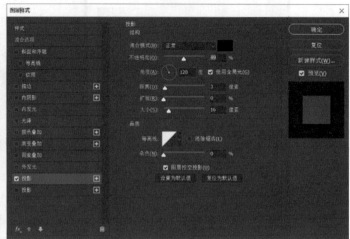

图 4-1-18

图 4-1-19

三、添加文字

(1)选择文字工具 **T**,字体为黑体,颜色为红色,分别输入"前"和"夜",调整位置,并使用【Ctrl＋T】键调整大小,复制两个字的图层,颜色调整为白色,稍微移动距离,效果如图 4-1-20 所示。

(2)分别输入文字"我和我的祖国""10.1 全国上映",字体为黑体,颜色为白色;输入"1949 年 10 月 1 日中华人民共和国成立",字体为宋体,颜色为白色。

(3)为"我和我的祖国"和"1949 年 10 月 1 日……"添加投影,设置如图 4-1-21 所示,效果如图 4-1-22 所示。

图 4-1-20

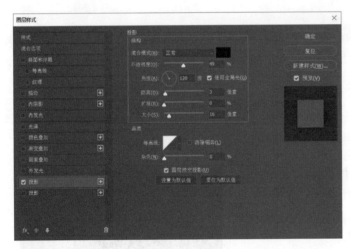

图 4-1-21

图 4-1-22

四、保存

执行"文件"→"存储"→"保存到您的计算机上"命令,保存文件。

案例小结

回顾电影《我和我的祖国》,那一刻,我为自己是中国人感到无比骄傲。在电影的结束之际,熟悉的旋律响起"我和我的祖国,一刻也不能分割"。我们生在红旗下,长在春风里,目光所至,皆为华夏,五星闪耀,皆为信仰。

《我和我的祖国——前夜》海报的设计以庄重怀旧为基调,多层撕纸为效果,通过去色做出怀旧感,借助套索、快速蒙版、滤镜、文字等工具与命令,呈现出一幅令人肃然起敬,又激发爱国情怀的电影海报。

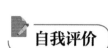

 自我评价

请根据自己的完成情况填写表 4-1-1,并根据掌握程度涂☆。

表 4-1-1　自我评价表

知识与技能点	在本案例中的作用(填写关键词)	掌握程度
橡皮擦		☆☆☆☆☆
套索工具		☆☆☆☆☆
滤镜→晶格化		☆☆☆☆☆
滤镜→滤镜库→纹理化		☆☆☆☆☆
文字工具		☆☆☆☆☆

案例二 设计节日海报——《春节》

社会公益海报具有特定的对公众的教育意义,其海报主题包括各种社会公益、道德的宣传,或政治思想的宣传,弘扬爱心奉献、共同进步的精神等。这类海报涉及节日、交通、环保、法律、社会公德和政治活动等公益宣传广告。

案例导入

春节,即农历新年,是一年之岁首、传统意义上的岁节(年节)。春节俗称新春、新年、新岁、岁旦、新禧、年禧、大年等,过春节口头上又称度岁、庆岁、过年、过大年。春节历史悠久,由上古时代岁首祈年祭祀演变而来。

新春贺岁围绕祭祀祈年主题,以除旧布新、迎禧接福、拜神祭祖、祈求丰年等活动形式展开,喜庆气氛浓郁,内容丰富多彩,凝聚着中华文明的精华。常见的春节习俗有拜年、贴春联、挂年画、贴窗花、放爆竹、发红包、穿新衣、吃饺子、守岁、舞狮舞龙、挂灯笼等,在春节期间,每一天都有不同的习俗。

《春节》海报效果图如图 4-2-1 所示。

图 4-2-1

案例分析

对图 4-2-1 所示海报效果图进行以下分析。

布局:以文字竖排为主体,突出节日海报的主题。

色彩搭配:深红渐变纸张纹理效果为底,主体色彩为红色,体现节日的喜庆效果。

设计感:整个海报以红色为主色调,添加礼花为背景,直观地表现出春节喜庆的气息。主体为

x

剪纸效果的文字,剪纸为中国古老且流传最久的民间传统手工艺之一,与中国的传统节日——春节如出一辙,同时附上一首由宋代诗人王安石所作的关于春节的古诗,更具韵味。

《春节》节日海报设计思路如图 4-2-2 所示。

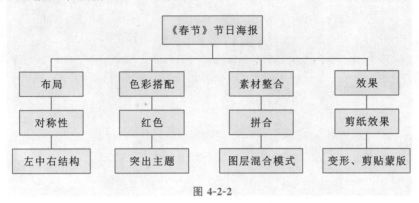

图 4-2-2

 **学习目标**

· **知识目标**

1.了解什么是社会公益海报。

2.知道春节的由来及常见的风俗。

· **技能目标**

1.能熟练应用图层剪切蒙版。

2.能熟练进行文字的变形。

3.能灵活应用图层的混合模式。

4.能熟练使用模糊画廊中的移轴模糊功能。

· **素养目标**

1.通过案例分析培养学生分析问题的能力及逻辑思维能力。

2.通过海报的设计与制作,渗透中国传统节日文化知识,激发学生的民俗传统文化情怀。

3.通过学习过程,培养学生自主探究及团结互助的精神。

操作步骤

设计节日
海报——《春节》

一、制作背景

(1)新建文件,命名为"春节快乐海报",大小为 1200×1600 像素,分辨率为 72 像素/英寸,RGB模式,背景为白色,如图 4-2-3 所示。

(2)选择渐变工具 ,点击 ,在弹出的"渐变编辑器"对话框中,颜色设置如图 4-2-4所示。

(3)在画布中,从右上到左下拉动,出现线性渐变效果,选择"滤镜"→"滤镜库"→"纹理化",设置如图 4-2-5 所示。

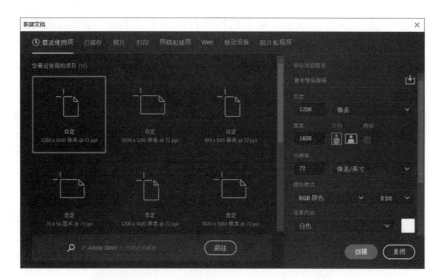

图 4-2-3

#630303 #81072f #630303

图 4-2-4

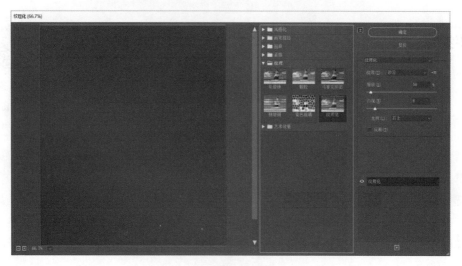

图 4-2-5

（4）选择"文件"→"置入嵌入对象"，置入素材/模块四/案例二/01 文件，按【Ctrl＋T】键调整大小，并放置在合适位置，图层样式设置为"柔光"，如图 4-2-6 所示，再次置入素材/模块四/案例二/02文件，调整大小及位置，图层样式为"点光"，不透明度为 60％，如图 4-2-7 所示。

图 4-2-6　　　　　　　　　　　　　　　　　　图 4-2-7

　　（5）合并可见图层。

二、制作剪纸文字效果

　　（1）选择工具栏"直排文字工具" ，字体选择黑体，颜色为黑色，输入文字"春节快乐"，按【Ctrl＋T】键调整大小，如图 4-2-8 所示。

　　（2）选中该文字图层，点击鼠标右键，选择"转换为形状"，并复制该文字图层。

　　（3）按住【Ctrl】键的同时，点击顶层文字图层小图标，获得文字选区，选中背景层，复制出背景色的文字，并调整到最顶层，图层名称分别更改为"文字底层""文字阴影""文字顶层"，如图 4-2-9所示。

图 4-2-8　　　　　　　　　　　　　　　　　　图 4-2-9

　　（4）关闭"文字顶层"与"文字阴影"层，选中"文字底层"，点击"文件"→"置入嵌入对象"，选中素材/模块四/案例二/03 文件，调整大小，盖住文字。按【Alt】键的同时，点击"灯饰"层与"文字底层"之间，创建剪贴蒙版，效果如图 4-2-10 所示。选中"文字底层"，点击"fx"添加图层样式"内阴影"，设置如图 4-2-11 所示。

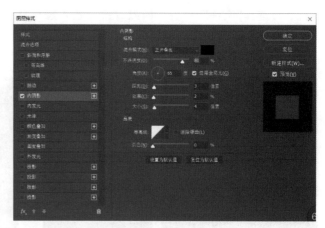

图 4-2-10 图 4-2-11

(5)显示并选中"文字阴影"层,按【Ctrl+T】键,单击鼠标右键并选择"斜切",如图 4-2-12 所示,将图层向下拖动一点,单击鼠标右键并选择"缩放",将图层拉大一点,效果如图 4-2-13 所示。

图 4-2-12 图 4-2-13

(6)选中"文字阴影"图层,单击鼠标右键并选择"转换为智能对象",再选择"滤镜"→"模糊画廊"→"移轴模糊",调整位置及数值,如图 4-2-14 所示。

(7)为"文字阴影"图层添加矢量蒙版,用画笔(颜色为黑色,大小为 355,硬度为 0)进行涂抹,擦掉多余的阴影,不透明度调整为 88%,如图 4-2-15 所示。

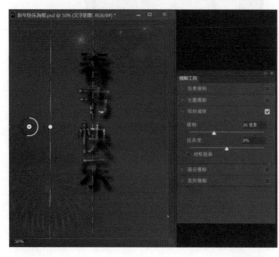

图 4-2-14 图 4-2-15

（8）显示并选中"文字顶层"，按【Ctrl＋T】键，单击鼠标右键并选择"斜切"，将图层往上拖动一点，单击鼠标右键并选择"缩放"，将图层缩小一点，单击鼠标右键并选择"变形"，将文字上下分别向下拖动，做出文字卷曲的效果，如图 4-2-16 所示。

（9）按【Ctrl】键的同时点击"文字顶层"图层获得选区，新建图层，选择渐变工具，设置由白色到透明的线性渐变，图层模式改为"叠加"，如图 4-2-17 所示。

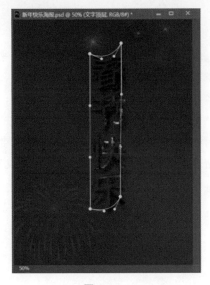

图 4-2-16

图 4-2-17

三、添加文字

选择文字工具 T，字体为黑体，颜色为橙黄色，大小为 48 点，使用横排文字工具输入"2023.01.22 癸卯年正月初一"，字体为楷体，使用直排文字工具输入文字"爆竹声中一岁除，春风送暖入屠苏。千门万户瞳瞳日，总把新桃换旧符。——【宋】王安石"。将文字调整到合适位置，效果如图 4-2-18 所示。

图 4-2-18

四、保存

执行"文件"→"存储"→"保存到您的计算机上"命令,保存文件。

案例小结

　　春节历史悠久,起源于早期人类的原始信仰与自然崇拜,由上古时代岁首祈岁祭祀演变而来。万物本乎天、人本乎祖,祈岁祭祀、敬天法祖,报本反始也。春节的起源蕴含着深邃的文化内涵,在传承发展中承载了丰厚的历史文化底蕴。在春节期间,全国各地均会举行各种庆贺新春的活动,带有浓郁的地方特色。

　　《春节》海报的设计以深红色渐变为主基调,以中国传统手工技艺剪纸为文字特效,通过渐变、图层剪切蒙版、图层混合模式、文字变形、移轴模糊等工具和命令的灵活使用,呈现出一幅庄重又喜庆,且蕴含传统韵味的公益性节日海报。

　　请根据自己的完成情况填写表 4-2-1,并根据掌握程度涂☆。

表 4-2-1　自我评价表

知识与技能点	在本案例中的作用(填写关键词)	掌握程度
滤镜→滤镜库→纹理化		☆☆☆☆☆
添加图层蒙版		☆☆☆☆☆
添加图层样式		☆☆☆☆☆
滤镜→模糊画廊→移轴模糊		☆☆☆☆☆
变形		☆☆☆☆☆
文字工具		☆☆☆☆☆

案例三　设计旅游海报——《凤凰古城》

　　旅游海报属于商业海报的一种,是一种非常重要的旅游宣传工具,能吸引潜在游客的注意力并向他们传达旅游目的地、景点、活动等信息。

案例导入

　　凤凰古城,位于湖南省湘西土家族苗族自治州的西南部,占地面积约 10 平方千米,由苗族、汉族、土家族等 28 个民族组成,为典型的少数民族聚居区。凤凰古城建于清康熙四十三年(1704 年),东门和北门古城楼尚在。城内青石板街道、江边木结构吊脚楼,以及朝阳宫、古城博物馆、杨家祠堂、沈从文故居、熊希龄故居、天王庙、大成殿、万寿宫等建筑,全都透着古城特色。

除了历史文化,凤凰古城还有着迷人的自然风光。旅客在此可欣赏蓝天白云、青山绿水、峡谷溪流等自然景观,品尝正宗的湘西美食,如血粑鸭、酸汤鱼、麻辣兔头等,还可以参加各种民俗活动,如苗年节、龙船节等,感受浓郁的苗族文化和民俗风情。

《凤凰古城》海报效果图如图 4-3-1 所示。

图 4-3-1

案例分析

对图 4-3-1 所示海报效果图进行以下分析。

布局:采用了上图下字的结构,突出主体。

色彩搭配:以凤凰古城沱江图为底,弱化色调,突出主体彩色,主体采用了色彩斑斓的夜景彩色效果,效果鲜明,吸引眼球。

设计感:凤凰古城的夜景较白天更是令人惊艳!灯光点亮,各种颜色的灯笼和烛光交相辉映,让古城更加神秘浪漫,吊脚楼、古桥和清溪在夜色中闪闪发光,令人陶醉。所以本海报以夜景图为主图,通过墨迹形状、毛笔字体等元素体现出古城的历史感。英文字母,也表现出凤凰古城向世界展现着自己的魅力。而最后采用了沈从文著的《边城》中的一句话"等一城烟雨,只为你,渡一世情缘,只和你",吸引观众前来打卡、感受!

《凤凰古城》旅游海报设计思路如图 4-3-2 所示。

图 4-3-2

学习目标

·知识目标

1.了解凤凰古城的历史与文化。

2.知道网络字体资源使用的法律知识。

3.知道图层剪切蒙版的原理。

·技能目标

1.会安装字体。

2.能利用"墨迹"图案进行剪切蒙版效果制作。

3.能熟练进行字符格式设置。

·素养目标

1.通过案例分析培养学生分析问题的能力及逻辑思维能力。

2.通过海报的设计与制作,使学生进一步了解中国古城历史及文化,感受沉淀千年的历史气息。

3.通过学习过程,培养学生自主探究及团结互助的精神。

操作步骤

设计旅游
海报——
《凤凰古城》

一、制作背景

(1)新建文件,命名为"凤凰古城旅游海报",大小为 1200×1600 像素,分辨率为 72 像素/英寸,RGB 模式,背景为白色,如图 4-3-3 所示。

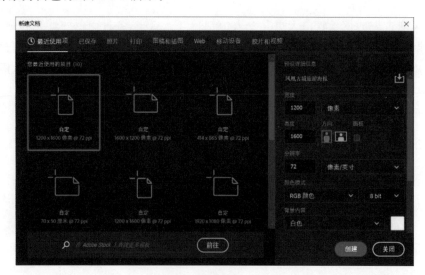

图 4-3-3

(2)选择"文件"→"置入嵌入对象",打开素材/模块四/案例三/01 文件,拖动小柄,调整大小,使其布满画布,如图 4-3-4 所示,按回车键。

(3)再次选择"文件"→"置入嵌入对象",打开素材/模块四/案例三/02文件,拖动小柄,调整大小,使其布满画布,并将"沱江"图层的不透明度调整为58%,如图4-3-5所示。

图4-3-4　　　　　　　　　　　　　　　　　　图4-3-5

二、制作墨迹风格效果

　　(1)选择"文件"→"置入嵌入对象",打开素材/模块四/案例三/03文件,拖动小柄,调整大小并旋转方向,如图4-3-6所示。

　　(2)新建图层,再次选择"文件"→"置入嵌入对象",打开素材/模块四/案例三/02文件,调整图片大小(大于墨迹区域)。

　　(3)选中"夜景"图层,单击鼠标右键,选择"创建剪贴蒙版",适当调整"夜景"位置,如图4-3-7所示。

图4-3-6　　　　　　　　　　　　　　　　　　图4-3-7

（4）选择"黑色墨迹"图层，点击"fx"添加图层样式，选择"投影"，设置如图 4-3-8 所示。

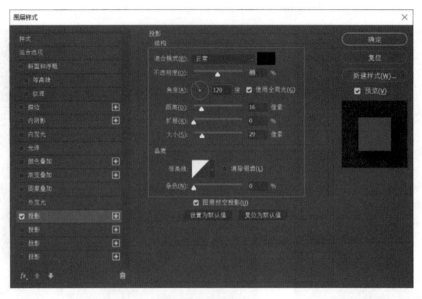

图 4-3-8

三、添加文字

（1）安装字体。打开素材/模块四/案例三/"演示夏行楷"文件，点击"安装"；打开素材/模块四/案例三/"点字浅夏体"文件，点击"安装"。

（2）选择文字工具 **T**.，字体为演示夏行楷，颜色为黑色，输入"凤凰古城"，调整位置，并使用【Ctrl＋T】键调整大小，调整字符间距为－250，如图 4-3-9 所示。

图 4-3-9

（3）为文字添加投影与外发光。选中该文字图层，点击"fx"添加图层样式，选择"外发光"，设置如图 4-3-10 所示，选择"投影"，设置如图 4-3-11 所示。

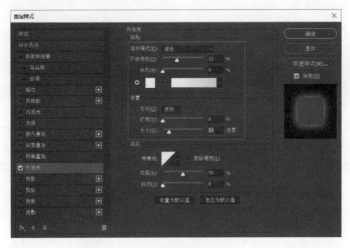

图 4-3-10

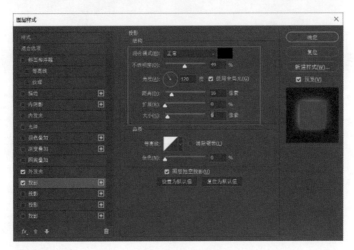

图 4-3-11

（4）输入英文文字"PHOENIX ANCIENT TOWN"，字体为 Minion Pro，大小为 72 点。

（5）输入文字"等一城烟雨，只为你 渡一世情缘，只和你"，字体为点字浅夏体，大小为 60 点。效果如图 4-3-12 所示。

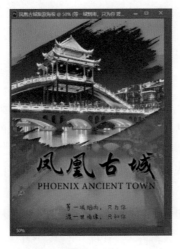

图 4-3-12

四、保存

执行"文件"→"存储"→"保存到您的计算机上"命令,保存文件。

 案例小结

凤凰古城的白天景色清新怡人,仿佛穿越回了古代。夜景更是美得令人窒息,仿佛整个世界都沉浸在星辰大海之中。该旅游目的地不仅仅是一座古城,更是一个融合了历史、文化和美食的地方。

《凤凰古城》旅游海报的设计融合了诸多"古"元素,如墨迹、毛笔字体等,与景点的特色相符。主体图片采用了令人陶醉的夜景,加上《边城》中的一句台词,有景有文,刺激观众前来旅游的欲望。在技术手段上主要采用了墨迹图层剪切蒙版效果,加上具有古色古香的毛笔文字,呈现出一幅色彩斑斓、古香有味的旅游海报。

自我评价

请根据自己的完成情况填写表 4-3-1,并根据掌握程度涂☆。

表 4-3-1　自我评价表

知识与技能点	在本案例中的作用(填写关键词)	掌握程度
图层透明度		☆☆☆☆☆
字体安装		☆☆☆☆☆
图层剪切蒙版		☆☆☆☆☆
字符格式调整		☆☆☆☆☆

案例四　设计产品海报——《柠檬畅饮》

产品海报是为产品服务的,通过第一视觉,表达产品,打动消费者,刺激消费者的购买欲。

 案例导入

柠檬(拉丁学名:Citrus limon)为芸香科柑橘属的常绿小乔木,性喜温暖,耐阴,怕热。果实为黄色椭圆状,主要为榨汁用,有时也用作烹饪调料。柠檬可以预防感冒,因为它含有丰富的维生素C、糖类、钙、磷、铁、维生素 B_1、维生素 B_2、烟酸、柠檬酸、苹果酸,以及高量钾元素和低量钠元素,对人体十分有益。维生素 C 有助于人体各种组织细胞和细胞间质的生成,并且能够维持它们正常的生理机能。

经常吃柠檬有利于刺激造血和抗癌。柠檬具有防止和消除皮肤色素沉着的作用,所以女性经常食用可起到美容养颜的功效。炎炎夏日,一杯冰镇柠檬水养生又解渴,下面就以鲜榨柠檬汁易拉罐为例完成产品海报设计与制作。

《柠檬畅饮》海报效果图如图 4-4-1 所示。

图 4-4-1

案例分析

对图 4-4-1 所示海报效果图进行以下分析。

布局：采用了上下结构，主体占中间主要位置。

色彩搭配：黄柠檬自身具有高度抗病虫害的能力，所以在生长过程中不需要施洒农药。以绿色为底，绿色有健康、无公害的寓意，是一种环保色，与柠檬水果的特质相符。柠檬为黄色，黄色与绿色的完美撞色，给人一种自然、心情愉悦的感受。

设计感：柠檬营养丰富，通过新鲜柠檬切片与易拉罐的融合，体现果汁的来源新鲜、味道纯正，淡黄色水波纹的环绕体现柠檬汁多味纯，底部添加了一些冰块，表现冰镇后的果汁味道更佳，令消费者见到此海报，不禁想要来一杯。

《柠檬畅饮》产品海报设计思路如图 4-4-2 所示。

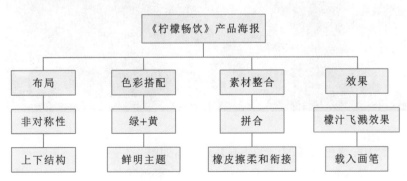

图 4-4-2

Final

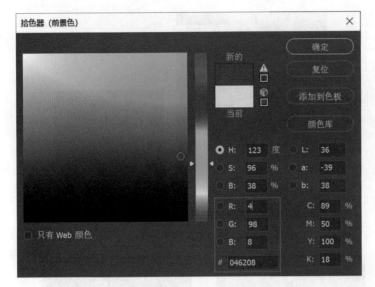

学习目标

·知识目标

1. 了解柠檬的营养价值。
2. 知道网络搜索下载新画笔的方法。
3. 知道柠檬切片制作的方法。

·技能目标

1. 会载入新画笔。
2. 能利用新载入的画笔进行方向、大小、颜色等设置，做出檬汁飞溅效果。
3. 能熟练进行对象变形。

·素养目标

1. 通过案例分析培养学生分析问题的能力及逻辑思维能力。
2. 通过了解柠檬的营养价值，培养健康饮食的意识。
3. 通过学习过程，培养学生自主探究及团结互助的精神。

操作步骤

设计产品
海报——
《柠檬畅饮》

一、制作背景

（1）新建文件，命名为“柠檬畅饮”，大小为 1200×1600 像素，分辨率为 72 像素/英寸，RGB 模式，背景为白色，如图 4-4-3 所示。

图 4-4-3

（2）前景色设置为深绿色，按【Alt+Delete】键填充，如图 4-4-4 所示。

（3）选择“文件→置入嵌入对象”，打开素材/模块四/案例四/01 文件，选中该图层，单击鼠标右键，选择“栅格化图层”，如图 4-4-5 所示。

图 4-4-4

图 4-4-5

(4)用矩形选框工具框选出下面部分冰块,按【Delete】将其删除。按【Ctrl+T】键调整冰块大小及位置,效果如图 4-4-6 所示。

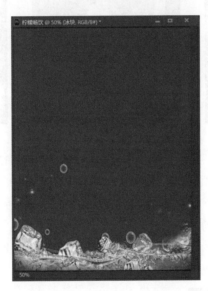

图 4-4-6

二、制作檬汁飞溅效果

(1)选择"文件→置入嵌入对象",打开素材/模块四/案例四/02 文件,拖动小柄,调整大小并执行"编辑"→"变换"→"水平翻转"命令,如图 4-4-7 所示。

(2)选择"柠檬"图层,单击鼠标右键,选择"栅格化图层"。

(3)选择"钢笔"工具,勾选出柠檬切片,按【Ctrl+Enter】键将路径转换为选区,按【Ctrl+Shift+J】键将柠檬切片剪切粘贴到新图层中,命名为"柠檬切片",关闭该图层的可见性,如图 4-4-8 所示。

(4)选择椭圆选框工具,在柠檬中部拉出椭圆,并单击鼠标右键,选择"变换选区",如图 4-4-9 所示,旋转一定角度,按【Enter】键,如图 4-4-10 所示,按【Delete】键,删掉选框中的柠檬,继续框选删掉其他残留图像,效果如图 4-4-11 所示。

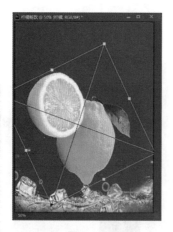

图 4-4-7

图 4-4-8

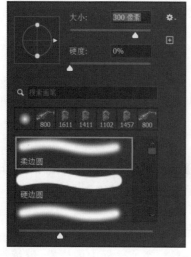

图 4-4-9 图 4-4-10 图 4-4-11

（5）在"柠檬"图层上新建图层，命名为"柠檬阴影"，按【Ctrl】键的同时点击"柠檬"图层小图标，获得柠檬选区，选中"柠檬阴影"图层，选择画笔工具，在"画笔预设"选取器中选择柔边圆，大小为 300 像素，如图 4-4-12 所示，前景色为黄色，如图 4-4-13 所示，涂抹柠檬阴影面，并将不透明度调整为 75％，如图 4-4-14 所示。

（6）显示出"柠檬切片"图层，按【Ctrl＋T】键调整大小及方向，将位置调整到缺口位置，如图 4-4-15 所示。

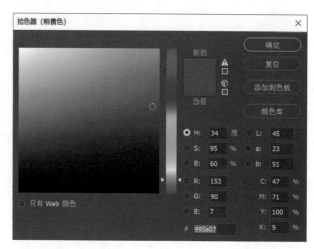

图 4-4-12 图 4-4-13

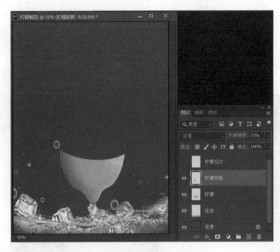

图 4-4-14　　　　　　　　　　　　　图 4-4-15

（7）选中前三个图层，单击鼠标右键，合并图层，如图 4-4-16 所示，选择钢笔工具，勾画出一片柠檬，如图 4-4-17 所示，并按【Ctrl＋Enter】键转换为选区，进行复制粘贴（【Ctrl＋C】,【Ctrl＋V】），并将图层 1 命名为"第一切片"，如图 4-4-18 所示。

图 4-4-16　　　　　　　　　　图 4-4-17　　　　　　　　　　图 4-4-18

（8）选中"第一切片"图层，按【Ctrl＋T】键旋转方向，调整位置，并将该图层复制两次，调整位置及方向，分别命名为"第二切片""第三切片"，如图 4-4-19 所示。

（9）分别在"柠檬切片"图层到"第二切片"上方新建阴影层，选择画笔工具，在"画笔预设"选取器中选择柔边圆，大小为 350 像素，分别在三个阴影层上画出切片的阴影，如图 4-4-20 所示。

图 4-4-19　　　　　　　　　　　　　　图 4-4-20

（10）打开素材/模块四/案例四/03 文件,用钢笔工具选中其中一个易拉罐,按【Ctrl＋Enter】键转换为选区,剪切到主文件中,按【Ctrl＋T】键旋转方向,调整位置,如图 4-4-21 所示,选择橡皮擦工具,在"画笔预设"选取器中选择柔边圆,硬度为 0,大小为 300 像素,擦掉易拉罐底部,使其与柠檬衔接柔和,如图 4-4-22 所示。

图 4-4-21

图 4-4-22

（11）选择"文件"→"置入嵌入对象",打开素材/模块四/案例四/04 文件,按【Ctrl＋T】键调整大小及位置,如图 4-4-23 所示,并将该图层的混合模式设置为"柔光",如图 4-4-24 所示。

图 4-4-23

图 4-4-24

（12）选择画笔工具,选择"导入画笔",选中素材/模块四/案例四/水滴画笔,设置画笔颜色,如图 4-4-25、图 4-4-26 所示。

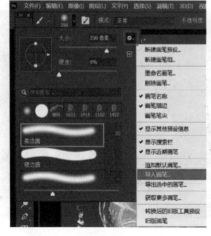
图 4-4-25

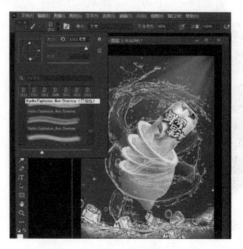
图 4-4-26

（13）再次选择画笔的另一形状，调整大小及方向，放于易拉罐与柠檬的接触部位，设置如图 4-4-27 所示。

（14）选择"文件"→"置入嵌入对象"，打开素材/模块四/案例四/05 文件，调整大小及位置，增加冰凉感，如图 4-4-28 所示。

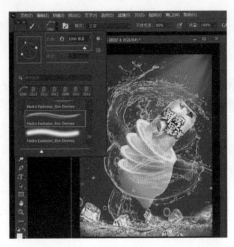
图 4-4-27

图 4-4-28

三、添加文字

（1）安装字体。打开素材/模块四/案例四/"点字浅夏体"文件，点击"安装"；打开素材"点字浅夏体"，点击"安装"。

（2）选择文字工具 T，字体为点字浅夏体，颜色为白色，输入"柠檬畅饮 冰甜酸爽"，调整位置，并按【Ctrl＋T】键调整大小。

（3）为文字添加投影。选中该文字图层，点击"fx"添加图层样式，选择"投影"，设置如图 4-4-29 所示。

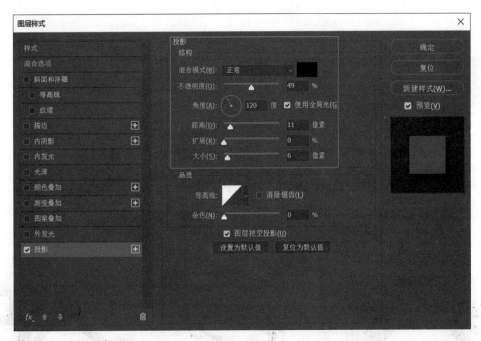
图 4-4-29

四、保存

执行"文件"→"存储"→"保存到您的计算机上"命令,保存文件。

案例小结

　　柠檬富含维生素 C 和抗氧化剂,有助于提高免疫力和美容养颜。本产品清新酸爽,使用新鲜的柠檬,保证每一杯都充满了天然的酸爽口感。了解产品的特点,对我们有针对性地进行产品海报设计非常重要。

　　本海报用明亮的黄色作为主色调,传递出清新和活力的感觉。图片中展示冰凉透明的柠檬汁环绕柠檬切片,配上冰块,增加视觉诱惑力。当然,还可以在海报中加入一些夏日元素,如阳光、沙滩、海浪等,突出柠檬汁与夏天的关联。

 自我评价

　　请根据自己的完成情况填写表 4-4-1,并根据掌握程度涂☆。

表 4-4-1　自我评价表

知识与技能点	在本案例中的作用(填写关键词)	掌握程度
变形		☆☆☆☆☆
图层混合模式		☆☆☆☆☆
载入画笔		☆☆☆☆☆
画笔方向、大小等的设置		☆☆☆☆☆

作　业

《破坏自然就是破坏生命》环保海报设计与制作

　　"动物家园"这组海报由泰国设计师 Surachai Puthikulangkura 及波兰设计师 Analog 为德国 Robin Wood 环保组织设计。该海报的主题就是为了告诫在地球上的我们:停止森林火灾!!停止冰川融化!!停止森林砍伐!!

人们应关注环境灾害,当我们破坏自然时也正在摧毁生命。该组海报利用双重曝光效果,画面有着很强的寓意和深刻的细节。图片中一只北极熊、鹿和一只猴子剪影,分别反映出破坏大自然的工业活动、砍伐森林及森林火灾,提高人们保护动物自然栖息地的意识。

　　请同学们利用"模块四/作业/素材",并借鉴该作品的设计思路,完成一幅主题为《破坏自然就是破坏生命》的环保海报的设计与制作。

模块四作业

模块五
图形绘制——妙手生花绘生活

借助 Photoshop，可以轻松绘制和编辑矢量形状。使用形状工具、画笔和钢笔工具等可进行图形绘制，如商品、文具、蔬菜水果、生活用品、海报、背景等，此外，还可以将矢量形状转换为基于栅格或像素的形状。

案例一　绘制商品——玉石手镯

玉石手镯的色彩丰富，有绿、红、紫、灰、黄、白等颜色，其中最名贵的是绿色手镯。按绿的深浅浓淡，又细分为宝石绿、艳绿、玻璃绿等 10 多种。优质的翡翠绿色浓艳、透明、油润、无杂质，用硬器敲击时其声音清脆响亮。秧苗绿、菠菜绿、翡色或紫罗兰飘花的手镯品种较为常见。一般采用形状工具绘制玉石手镯。

案例导入

某珠宝商家需要做一张玉石手镯的宣传图片，但是真实手镯拍摄的照片达不到图片色泽的要求，需要设计师手绘一个玉石手镯，商家的要求是要做出帝王绿飘花手镯的效果。玉石手镯的宣传图片效果如图 5-1-1 所示。

图 5-1-1

案例分析

对图 5-1-1 所示玉石手镯进行以下分析。

布局：以中央构图法为基础，体现了玉石手镯的珍贵和大气。

色彩搭配：以浅绿色为底，烘托帝王绿的色泽，整体色彩协调，有统一感，大气，符合商家的需求。

设计感：通过提升手镯的光泽度和花纹的逼真度，突出玉石手镯细腻油润、色彩丰富、富于变化的特点，体现玉石手镯的不同之处，激发人们的购买欲望。

玉石手镯的宣传图片设计思路如图 5-1-2 所示。

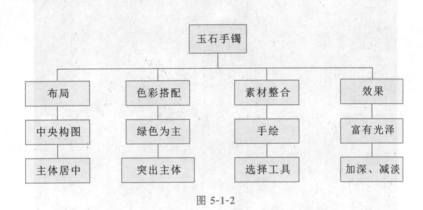

图 5-1-2

学习目标

· **知识目标**

1. 了解什么是图形绘制。

2. 知道平面设计常用设计尺寸。

3. 知道选择工具的使用。

· **技能目标**

1. 能熟练应用选择工具。

2. 能制作玉石效果。

3. 能熟练使用加深和减淡工具。

· **素养目标**

1. 通过案例分析培养学生分析问题的能力及逻辑思维能力。

2. 通过玉石的设计与制作，学生能够进一步了解工匠精神。

3. 通过学习过程，培养学生自主探究及团结互助的精神。

 操作步骤

绘制商品——
玉石手镯

一、新建画布

新建文件，命名为"玉石手镯"，大小为 1200×1600 像素，分辨率为 72 像素/英寸，RGB 模式，背景为白色，如图 5-1-3 所示。

图 5-1-3

二、绘制手镯

（1）单击"椭圆工具"，按【Shift＋Alt】键，拖动光标，绘制圆形选区，单击选项栏上的"从选区减去"，再绘制一个圆形选区，效果如图 5-1-4 所示。

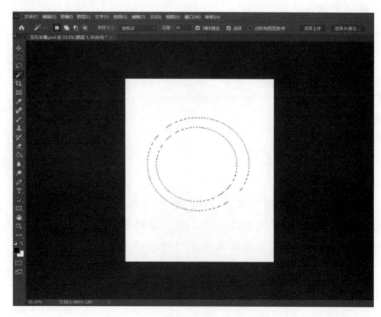

图 5-1-4

(2)新建图层,命名为"底色",填充绿色,如图 5-1-5 所示。

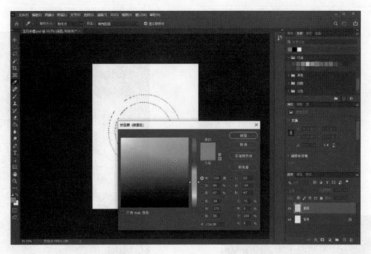

图 5-1-5

(3)复制"底色"图层,按【Ctrl】键,点击图层缩略图,建立选区,如图 5-1-6 所示。

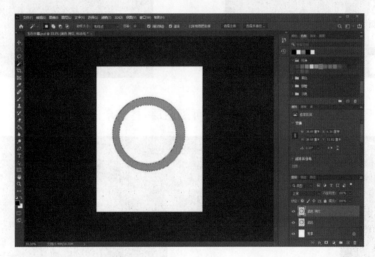

图 5-1-6

(4)调整前景色为黑色,背景色为白色,选择"滤镜"→"渲染"→"云彩",如图 5-1-7 所示。

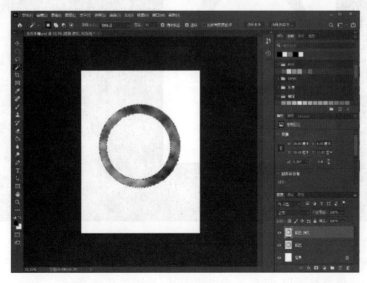

图 5-1-7

（5）按【Ctrl＋D】键取消选区，图层类型设置为正片叠底，如图 5-1-8 所示。

（6）选择"图层"→"调整"→"亮度/对比度"，确定花纹的清晰度，如图 5-1-9 所示。

图 5-1-8   图 5-1-9

（7）取消背景图层，单击鼠标右键选择合并可见图层，将其余图层全部合并，如图 5-1-10 所示。

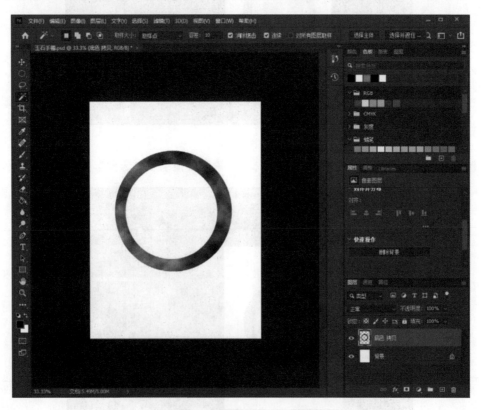

图 5-1-10

（8）使用加深和减淡工具涂抹手镯高光和阴影部分，突出立体感，如图 5-1-11 所示。

（9）绘制背景，选择背景图层，使用渐变填充工具，如图 5-1-12 所示。

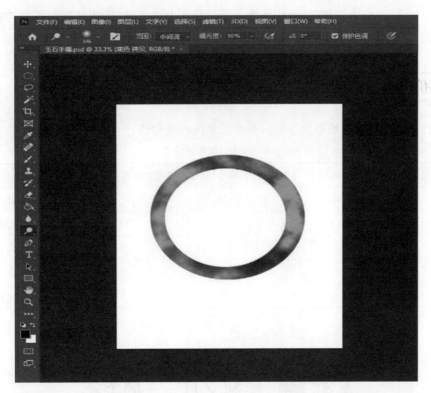

图 5-1-11

图 5-1-12

案例小结

　　通过绘制玉石手镯，了解玉石文化。玉是中国传统文化的一个重要组成部分，以玉为中心载体的玉文化，深深地影响了古人的思想观念，成为中国文化不可缺少的一部分。

Photoshop 实战案例精粹

玉文化中包含着"宁为玉碎"的爱国民族气节、"化干戈为玉帛"的团结友爱风尚、"润泽以温"的无私奉献品德、"白玉无瑕"的清正廉洁气魄。

 自我评价

请根据自己的完成情况填写表 5-1-1，并根据掌握程度涂☆。

表 5-1-1　自我评价表

知识与技能点	在本案例中的作用（填写关键词）	掌握程度
选择工具		☆☆☆☆☆
滤镜→云彩		☆☆☆☆☆
加深工具		☆☆☆☆☆
减淡工具		☆☆☆☆☆
填充工具		☆☆☆☆☆

案例二　绘制文具——鹅毛笔

文具包括学生文具以及办公文具、礼品文具等。办公室内常用的现代文具包括签字笔、自来水笔、钢笔、铅笔、圆珠笔，以及笔筒等配套用品。鹅毛笔是用大型鸟类的羽毛制成的，以往大部分是从鹅的翅膀取下来的，经过脱脂、硬化处理后即可削切笔尖。在西方还没有发明出金属笔尖的蘸水笔、钢笔和圆珠笔之前，鹅毛笔为主要的书写工具，使用时要先蘸墨水才能书写。

案例导入

鹅毛笔在大约公元 700 年时普及，最强韧的鹅毛笔大多取自鸟禽类翅膀最外层的五根羽毛，左侧翅膀的羽毛更佳，因为其生长的角度较符合右手书写者的握笔习惯。除鹅之外，天鹅羽毛制成的鹅毛笔更是稀有且昂贵；若要书写精细的字体，乌鸦的羽毛最佳，其次是老鹰、猫头鹰、火鸡等。鹅毛笔效果如图 5-2-1 所示。

图 5-2-1

 **案例分析**

对图 5-2-1 做如下分析。

布局：以中央构图法为基础，体现了鹅毛笔的简单美观。

色彩搭配：以浅黄色渐变为底，烘托红色羽毛笔，整体色彩协调，有统一感，大气。

设计感：通过红色与黄色的对比，突出鹅毛笔，吸引观看者的兴趣。

鹅毛笔设计思路如图 5-2-2 所示。

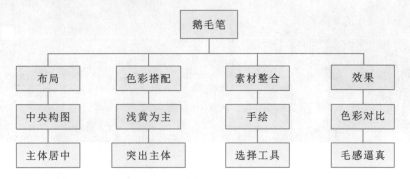

图 5-2-2

 **学习目标**

· **知识目标**

1. 了解什么是图形绘制。

2. 知道平面设计常用设计尺寸。

3. 知道钢笔工具的使用。

· **技能目标**

1. 能熟练应用钢笔工具。

2. 能制作羽毛笔效果。

3. 能熟练使用转换点工具。

· **素养目标**

1. 通过案例分析培养学生分析问题的能力及逻辑思维能力。

2. 通过文具的设计与制作，学生能够进一步了解工匠精神。

3. 通过学习过程，培养学生自主探究及团结互助的精神。

 操作步骤

绘制文具——
鹅毛笔

≡ / 一、新建画布

新建文件，命名为"鹅毛笔"文件，大小为 1200×1600 像素，分辨率为 72 像素/英寸，RGB 模式，背景为白色,如图 5-2-3 所示。

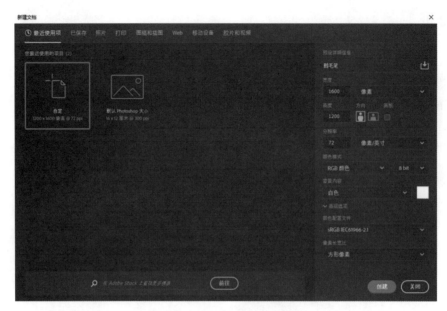

图 5-2-3

✐ 二、绘制鹅毛笔

(1)渐变填充背景,设置背景色(R:250,G:205,B:137),如图 5-2-4 所示。

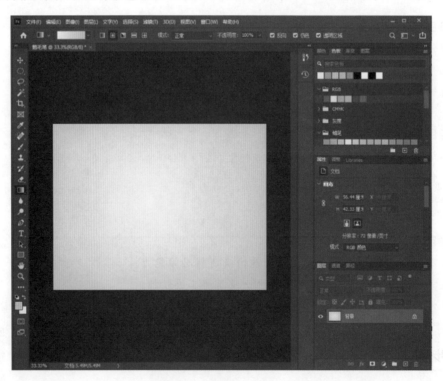

图 5-2-4

(2)使用钢笔工具,描绘出鹅毛笔笔杆,使用转换点工具,调整笔杆曲度,如图 5-2-5 和图 5-2-6 所示。

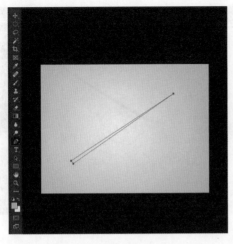
图 5-2-5

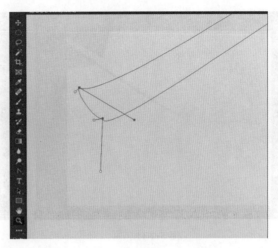
图 5-2-6

（3）使用钢笔工具，描绘出羽毛的形状，使用转换点工具，调整羽毛的形状，让羽毛笔更加逼真，如图 5-2-7 和图 5-2-8 所示。

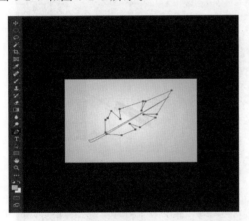
图 5-2-7

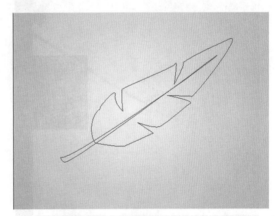
图 5-2-8

（4）新建图层，命名为"笔杆"，打开路径面板，使用直接选择工具选择笔杆部分，载入选区，对笔杆填充颜色（R：249，G：241，B：232），使用红色填充羽毛，效果如图 5-2-9 和图 5-2-10 所示。

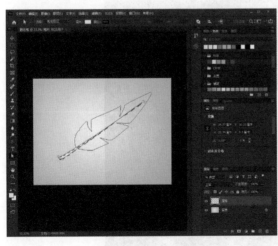
图 5-2-9

图 5-2-10

（5）绘制笔尖。新建图层，命名为"笔尖"，使用钢笔工具绘制笔尖形状，如图 5-2-11 所示，调整笔尖形状，如图 5-2-12 所示。

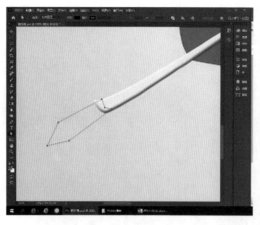

图 5-2-11　　　　　　　　　　　　　　　　图 5-2-12

（6）填充笔尖。打开路径面板，将工作路径载入选区，如图 5-2-13 所示，填充前景色为黑色，并绘制高光区域，如图 5-2-14 所示。

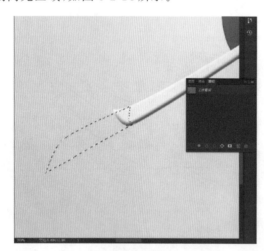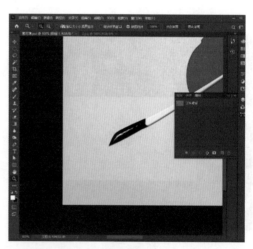

图 5-2-13　　　　　　　　　　　　　　　　图 5-2-14

（7）完成作品如图 5-2-15 所示。

图 5-2-15

案例小结

通过绘制鹅毛笔，了解鹅毛笔的历史和作用。鹅毛笔作为一种古老而优雅的书写工具，历史悠久。它以独有的特性和书写效果，赢得了无数书法爱好者的喜爱。

 **自我评价**

请根据自己的完成情况填写表 5-2-1，并根据掌握程度涂☆。

表 5-2-1 自我评价表

知识与技能点	在本案例中的作用（填写关键词）	掌握程度
钢笔工具		☆☆☆☆☆
直接选择工具		☆☆☆☆☆
路径选择工具		☆☆☆☆☆
路径		☆☆☆☆☆
填充工具		☆☆☆☆☆

案例三 # 绘制海报——《送你一朵小红花》

社会公益类海报通过海报的形式传达某种公益观念，呼吁公众关注某一社会问题，支持或倡导某种社会事业或社会道德，其具有明确的对社会道德规范形象塑造的作用。

 案例导入

公益类海报设计，必须在构思或设计语言上具有鲜明的个性，反映设计师对公益事业的体悟和形式美的创造。公益海报——《送你一朵小红花》效果如图 5-3-1 所示。

图 5-3-1

案例分析

对图 5-3-1 做如下分析。

布局:以中央构图法为基础,体现了主体——一朵小红花。

色彩搭配:以深红色为底,小红花采用渐变色,整体色彩协调,有统一感,大气。

设计感:通过红色与绿色的搭配,突出小红花,配以文字表达主题。

公益海报——《送你一朵小红花》设计思路如图 5-3-2 所示。

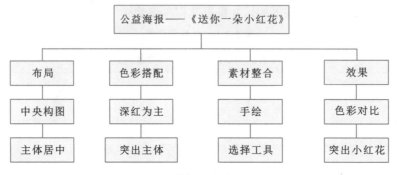

图 5-3-2

**学习目标**

- **知识目标**

1. 了解什么是形状绘制。

2. 知道平面设计常用设计尺寸。

3. 知道形状工具的使用技巧。

- **技能目标**

1. 能熟练应用形状工具。

2. 能制作花朵效果。

3. 能熟练使用文字工具。

- **素养目标**

1. 通过案例分析培养学生分析问题的能力及逻辑思维能力。

2. 通过海报的设计与制作,学生能够进一步了解工匠精神。

3. 通过学习过程,培养学生自主探究及团结互助的精神。

操作步骤

绘制海报——
《送你一朵小红花》

一、新建文件

(1)新建文件,命名为"海报设计",大小为 1280×1600 像素,分辨率为 72 像素/英寸,RGB 模式,背景为白色,如图5-3-3所示。

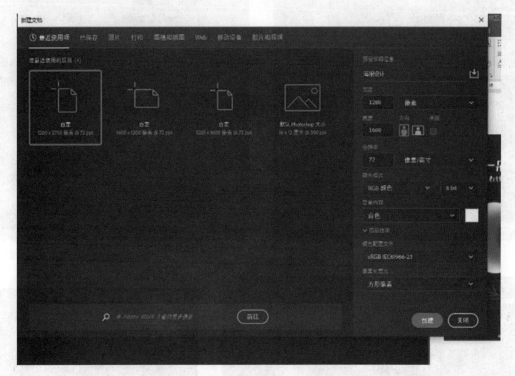

图 5-3-3

(2)填充画布颜色(R:109,G:18,B:18),如图5-3-4和图5-3-5所示。

图 5-3-4

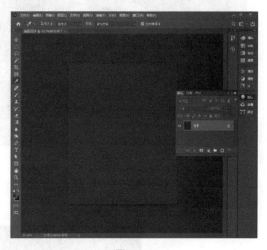

图 5-3-5

二、绘制主体

(1)绘制小红花。点击形状工具,选择花卉,选择五瓣花朵,拉出一个花朵的形状,将填充颜色改为粉红色,如图5-3-6所示,栅格化形状图层,按【Ctrl】键,选择花朵形状,用白色画笔涂抹花朵边缘,增加层次感,如图5-3-7所示。

(2)编辑文字。点击文字工具,输入文字"送你一朵小红花",颜色为白色,字体自选,字体大小为120点,如图5-3-8所示,调整"送"字大小为250点,如图5-3-9所示。

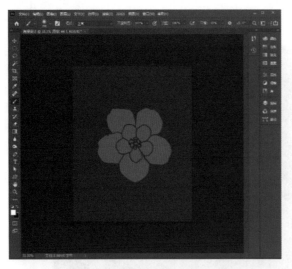

图 5-3-6

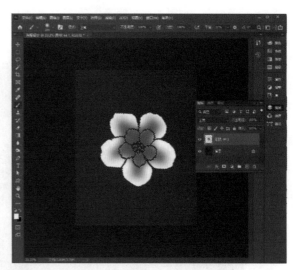

图 5-3-7

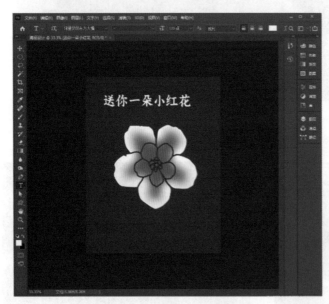

图 5-3-8

图 5-3-9

（3）输入文字"2023/08/01"，字体大小为 48 点，如图 5-3-10 所示，输入英文"A LITTLE RED FLOWER"，字体大小为 48 点。

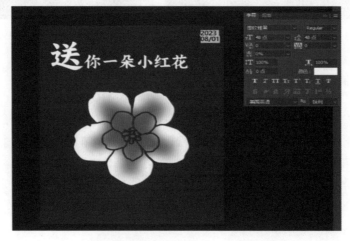

图 5-3-10

（4）继续添加直排文字"A little red flower"，复制直排文字图层，如图 5-3-11 所示。

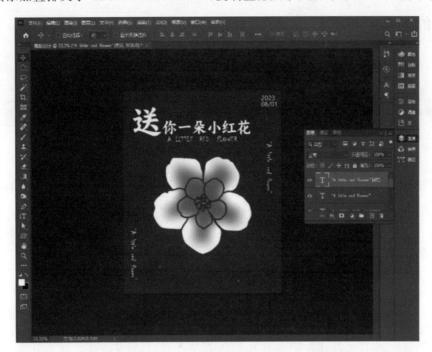

图 5-3-11

（5）添加浅黄色文字"奖励努力生活的你"，完成海报制作，效果如图 5-3-12 所示。

图 5-3-12

案例小结

　　公益海报——《送你一朵小红花》蕴含了一个温情的现实故事，使每一个普通人直面和思考终将面临的终极问题——想象死亡随时可能到来，我们唯一要做的就是爱和珍惜。

自我评价

请根据自己的完成情况填写表 5-3-1，并根据掌握程度涂☆。

表 5-3-1　自我评价表

知识与技能点	在本案例中的作用（填写关键词）	掌握程度
形状工具		☆☆☆☆☆
画笔工具		☆☆☆☆☆
文字工具		☆☆☆☆☆

案例四　绘制背景——蓝色光束

背景是烘托设计的基础，在背景设计中，要注意把握背景色不能太花哨，不然喧宾夺主，抢了文字或图片的风头，就看不到设计师想要传达的内容了。好的背景设计有烘托主题、增加美感的作用。

案例导入

具有科技感的设计图片往往需要配以简单明快的线条作为背景，那么如何利用线条来设计背景图呢？此案例尝试用渐变工具来制作线条背景，效果如图 5-4-1 所示。

图 5-4-1

案例分析

对图 5-4-1 做如下分析。

布局：以对角线构图法为基础，以线条增加画面的灵动性。

色彩搭配：以深蓝色为底，光束采用蓝色渐变，整体色彩协调。

设计感：通过采用不同浓度的蓝的搭配，构建和谐统一的背景图片。

蓝色光束背景图片设计思路如图 5-4-2 所示。

图 5-4-2

学习目标

· **知识目标**

1.了解什么是渐变工具。

2.知道平面设计常用设计尺寸。

3.知道渐变工具的使用技巧。

· **技能目标**

1.能熟练应用渐变工具。

2.能制作光束效果。

3.能熟练使用选择工具。

· **素养目标**

1.通过案例分析培养学生分析问题的能力及逻辑思维能力。

2.通过背景图片的设计与制作,学生能够进一步了解工匠精神。

3.通过学习过程,培养学生自主探究及团结互助的精神。

操作步骤

绘制背景——
蓝色光束

一、新建文件

(1)新建文件,大小为 1000×900 像素,分辨率为 72 像素/英寸,命名为"蓝色光束背景",如图 5-4-3 所示。

(2)填充背景色为渐变蓝色,效果如图 5-4-4 和图 5-4-5 所示。

二、绘制主体

(1)新建图层,重命名为"光束 1",使用椭圆选框工具画出一个椭圆,填充白色,调整图层不透明度为 50%,如图 5-4-6 所示,新建"图层 2",重命名为"光束 2",点击椭圆选框工具画出椭圆,填充白色,将不透明度调整为 30%,并调整光束 1 和光束 2 图形的位置,如图 5-4-7 所示。

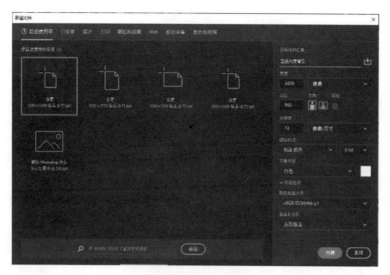
图 5-4-3

图 5-4-4

图 5-4-5

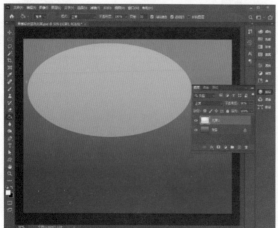
图 5-4-6

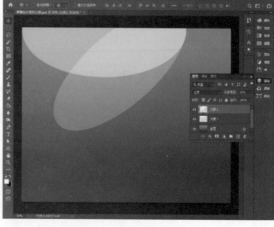
图 5-4-7

（2）复制"光束 2"图层，按【Ctrl＋T】键，调整椭圆图形的方向，如图 5-4-8 所示。将图层"光束2"和"光束 2 拷贝"前的眼睛取消框选，在"光束 1"图层上使用橡皮擦工具进行擦除，橡皮擦不透明度设置为 30％，效果如图 5-4-9 所示。

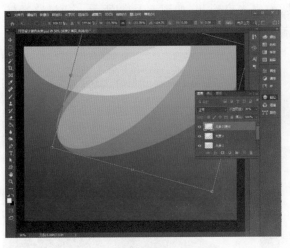

图 5-4-8

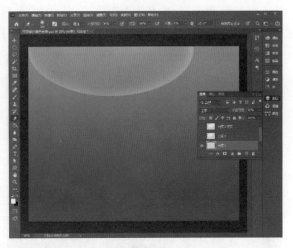

图 5-4-9

(3)橡皮擦不透明度设置为 30％，对"光束 2 拷贝"图层进行擦除，效果如图 5-4-10 所示，新建图层，命名为"光束 3"，填充白色，将图层不透明度修改为 30％，如图 5-4-11 所示。使用橡皮擦工具擦除光束效果，如图 5-4-12 所示。

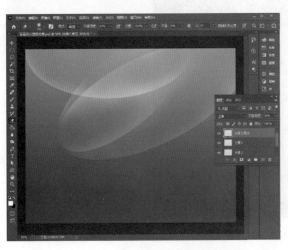

图 5-4-10

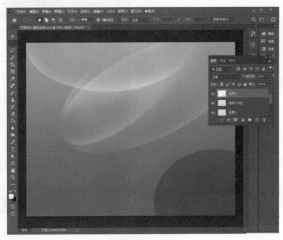

图 5-4-11

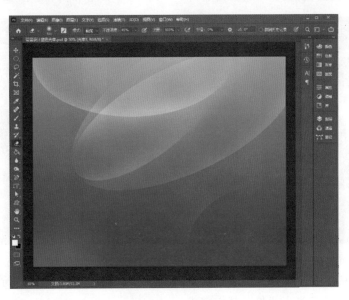

图 5-4-12

（4）新建图层，更名为"光束5"，使用钢笔工具，勾出光束形状，如图 5-4-13 所示。通过路径转变为选区，填充白色，效果如图 5-4-14 所示。使用橡皮擦调整光束，效果如图 5-4-15 所示。

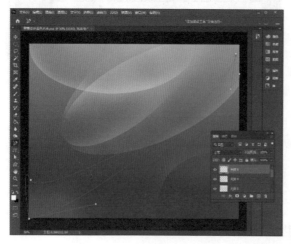

图 5-4-13   图 5-4-14

图 5-4-15

（5）打开画笔工具面板，设置画笔工具如图 5-4-16、图 5-4-17 和图 5-4-18 所示。

图 5-4-16   图 5-4-17   图 5-4-18

（6）新建图层，更改名称为"光斑效果"，使用画笔画出光斑，如图 5-4-19 所示。继续添加光斑效果，如图 5-4-20 所示，蓝色光束背景图制作完成。

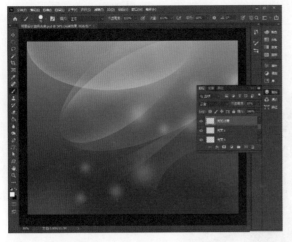

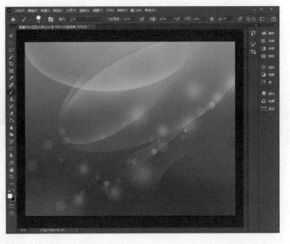

| 图 5-4-19 | 图 5-4-20 |

案例小结

形状绘制和图层不透明度的搭配可以设计成光线的效果,适用于设计具有科技感的背景图片,希望同学们可以多思考如何使用图层不透明度的属性制作更多精美的背景图片。

自我评价

请根据自己的完成情况填写表 5-4-1,并根据掌握程度涂☆。

表 5-4-1 自我评价表

知识与技能点	在本案例中的作用(填写关键词)	掌握程度
椭圆选择工具		☆☆☆☆☆
画笔工具		☆☆☆☆☆
图层属性		☆☆☆☆☆
颜色填充		☆☆☆☆☆

案例五 绘制插画——端午至

插画是一种艺术形式,是现代社会中最重要的视觉表达形式。
插画分为商业插画和生活插画,商业插画包括广告、出版物等,涉及领域非常广泛。
商业插画还分为 CG 插画和手绘插画,CG 插画主要是使用电脑软件结合手绘板来进行绘画。
生活插画是一种艺术传达形式,属于艺术范畴类,不以获利为目的。

案例导入

生活插画常涉及社会公共事业、文化活动等领域,比如插画专业教育书籍、公益宣传手册中也会配有警示或者教导性的插画。本案例将介绍生活插画绘制——端午至,效果如图 5-5-1 所示。

图 5-5-1

案例分析

对图 5-5-1 做如下分析。

布局:以对角线构图法为基础,通过端午特色活动赛龙舟来表现端午佳节的到来。

色彩搭配:以绿色为底,体现端午节吃粽子的节日氛围,色彩简洁明快。

设计感:通过采用不同的绿色搭配,突出龙舟的水波,配以文字表达主题。

生活插画——端午至设计思路如图 5-5-2 所示。

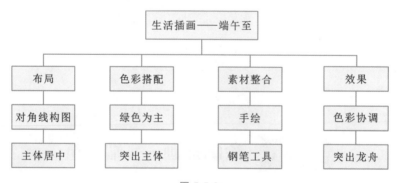

图 5-5-2

学习目标

· **知识目标**

1.了解什么是钢笔工具。

2.知道插画设计常用设计尺寸。

3.知道转换点工具的使用。

· 技能目标

1. 能熟练应用钢笔工具。

2. 能制作水波效果。

3. 能熟练使用文字工具。

· 素养目标

1. 通过案例分析培养学生分析问题的能力及逻辑思维能力。

2. 通过海报的设计与制作,学生能够进一步了解工匠精神。

3. 通过学习过程,培养学生自主探究及团结互助的精神。

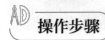 操作步骤

绘制插画——
端午至

一、新建文件

新建文件,大小为 800×1200 像素,分辨率为 72 像素/英寸,命名为"插画设计",如图 5-5-3 所示。

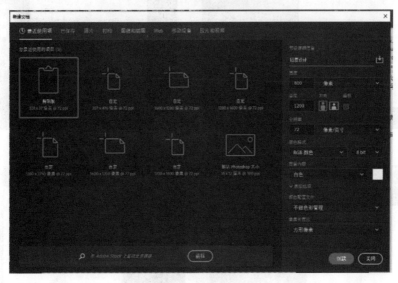

图 5-5-3

二、绘制水波

(1)使用钢笔工具绘制水波,使用转换点工具调整钢笔绘制的线条,打开路径面板,将路径转换为选区,填充颜色,如图 5-5-4 和图 5-5-5 所示。

(2)新建图层,使用钢笔工具勾出水波,填充颜色,如图 5-5-6 和图 5-5-7 所示。

(3)新建图层,使用钢笔工具勾出水波,增加钢笔描点,使水波效果更加明显,填充颜色,如图 5-5-8 和图 5-5-9 所示。

(4)选择"图层 1",点击图层效果"fx",增加内阴影效果,如图 5-5-10 所示。

(5)重复步骤(2)和(3)的操作,制作更多的水波纹,使水波效果更加明显,层次更加分明,为图层添加内阴影效果,如图 5-5-11 所示。

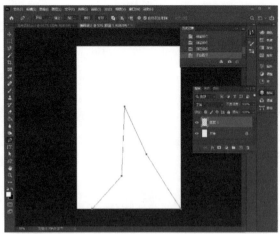

图 5-5-4　　　　　　　　　　　　　　图 5-5-5

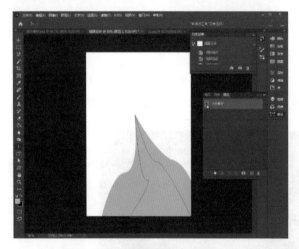 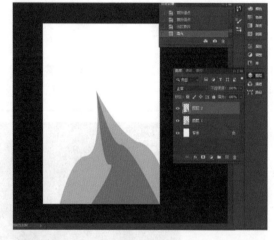

图 5-5-6　　　　　　　　　　　　　　图 5-5-7

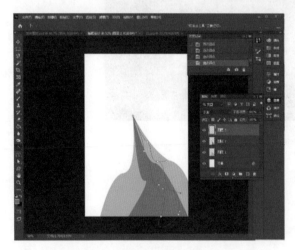 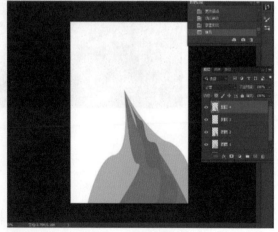

图 5-5-8　　　　　　　　　　　　　　图 5-5-9

（6）选择背景图层，采用渐变填充效果，如图 5-5-12 所示。

（7）打开素材图片"龙舟素材.psd"，将龙舟图层拖至水波前端的位置，如图 5-5-13 所示。

（8）将素材图片"龙舟素材.psd"中的端午节文字图层拖入文件中，调整位置，如图 5-5-14 所示，完成插画——端午至的创作。

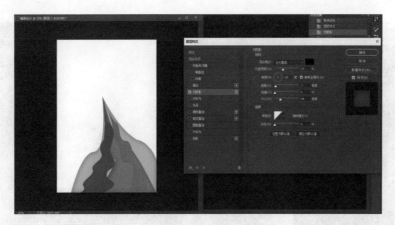

图 5-5-10

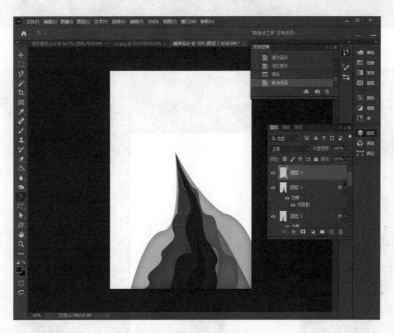

图 5-5-11

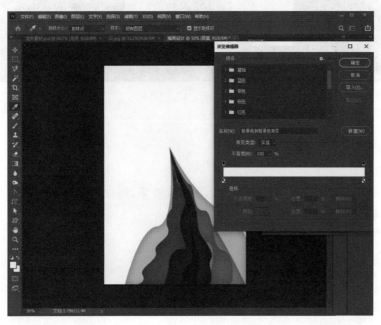

图 5-5-12

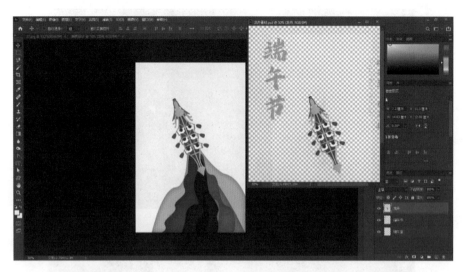

图 5-5-13

图 5-5-14

案例小结

　　通过钢笔绘制线条并填充不同色彩以表达水波纹效果,增加画面灵动感。通过使用素材图片,同学们能够结合素材完成插画创作。

自我评价

　　请根据自己的完成情况填写表 5-5-1,并根据掌握程度涂☆。

表 5-5-1 自我评价表

知识与技能点	在本案例中的作用（填写关键词）	掌握程度
钢笔工具		☆☆☆☆☆
图层属性		☆☆☆☆☆
填充		☆☆☆☆☆
图层调整		☆☆☆☆☆

作 业

请同学们使用钢笔工具并结合填充、涂抹等操作绘制下图。

模块六
产品广告设计——产品与广告的设计乐趣

所谓广告设计是指从创意到制作的这个中间过程。其主要针对图像、文字、色彩、版面、图形等表达广告的元素,结合广告媒体的使用特征,在计算机上通过相关设计软件来表达广告目的和意图,进行平面艺术创作活动。广告设计是广告的主题、创意、语言文字、形象、衬托等五个要素构成的组合安排。广告设计的最终目的就是通过广告来吸引眼球。

案例一　设计 X 展架广告——《钻石臻爱永恒》

X 展架是一种用作广告宣传的、背部具有 X 形支架的展览展示用品。展架又名产品展示架、促销架、便携式展具和资料架等。设计 X 展架时,根据产品的特点,设计与之匹配的产品促销展架,再加上具有创意的 Logo 标牌,使产品醒目地展现在公众面前,从而加大对产品的宣传广告作用。

案例导入

某珠宝店为了迎接"七夕节"传统节日,特别设计了"爱在七夕"主题促销活动。目的是通过"浪漫七夕节"这一主题,紧紧抓住消费者喜欢"满减"这一心理,以吸引客流,提高知名度;也通过活动,宣传中国的传统节日。开展中国传统文化节日活动,就是为了传承民族优秀文化遗产,弘扬民族精神,宣传和推广中华民族优秀传统文化。《钻石臻爱永恒》的 X 展架广告效果图如图 6-1-1 所示。

案例分析

对图 6-1-1 所示 X 展架广告效果图进行以下分析。

布局:中心构图,把主体放置在画面视觉中心,形成视觉焦点,再使用其他信息烘托和呼应主体。这样能够将产品直观地展示给受众,内容要点展示更有条理,也具有良好的视觉效果。

色彩搭配:整体以蓝色调为主,蓝色是永恒的象征,与钻石的寓意匹配,色彩简单大气,体现钻石的高贵和精致,以深色为底,主体部分为浅色,有效突出主体,黄色、白色的文字,能让消费者清晰看见内容。

图 6-1-1

设计感:以深蓝色星空为背景,精美的钻石戒指摆放在整个画面中间,从色彩、质感、排版上凸显产品的主体地位,倒影效果、光线效果使整个作品更加有质感和层次。

X展架广告设计思路如图 6-1-2 所示。

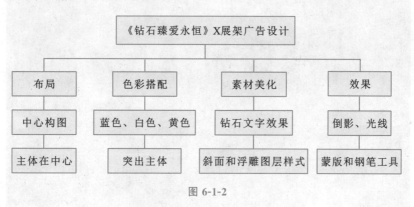

图 6-1-2

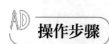 学习目标

· **知识目标**

1.了解什么是 X 展架。

2.知道 X 展架常用设计尺寸。

3.知道图层样式的含义。

· **技能目标**

1.能熟练应用钢笔工具。

2.能制作"钻石文字"效果。

3.能熟练使用蒙版。

· **素养目标**

1.通过真实活动任务培养学生分析问题的能力及逻辑思维能力。

2.通过 X 展架设计与制作,渗透中国传统文化节日知识,激发学生的爱国情怀、正确的爱情观。

3.通过学习过程,培养学生自主探究及团结互助的精神。

操作步骤

设计 X 展架

广告——

《钻石臻爱永恒》

一、制作背景

(1)新建文件,命名为"钻石臻爱永恒",画布尺寸为 60cm×160cm 或者 80cm×180cm,分辨率为 72 像素/英寸,RGB 模式,背景为白色,如图 6-1-3 所示。

(2)打开素材/模块六/案例一/01 文件,将其拖入,按【Ctrl+T】键等比例调整大小(按【Shift】键任意调整)。

(3)新建透明图层▣,命名为"渐变效果",选择渐变工具,打开"渐变编辑器",将色标颜色改为灰色和黑色,如图 6-1-4 所示,鼠标拖曳生成渐变效果,将图层模式改为"叠加",这样此 X 展架背景就完成了,如图 6-1-5 所示。

Photoshop 实战案例精粹

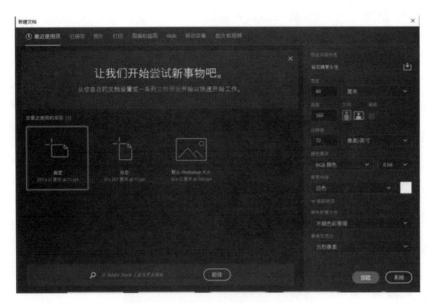

图 6-1-3

图 6-1-4

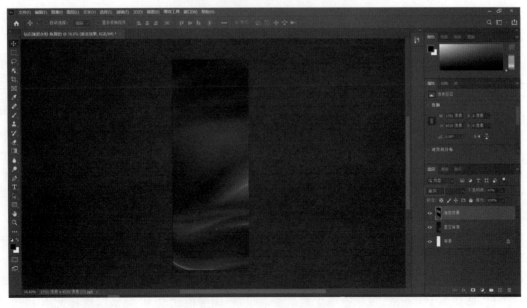

图 6-1-5

二、产品美化

（1）打开素材/模块六/案例一/02 文件，将其拖入背景中，放置在画面中心位置。

（2）制作倒影效果。按【Ctrl＋J】键复制得到"钻石戒指 拷贝"图层，按【Ctrl＋T】键，同时单击鼠标右键选择"垂直翻转"，向下垂直移动，添加图层模板 ，将前景色改为黑色，选择渐变工具，打开渐变编辑器，选择"基础"→"前景色到透明渐变"，如图 6-1-6 所示，点击"确定"，从翻转的钻石戒指下方向上渐变，完成倒影效果，如图 6-1-7 所示。

图 6-1-6

图 6-1-7

（3）添加钻石光亮效果。按【Ctrl＋N】键新建文档，背景为黑色，创建透明图层，选择画笔工具，打开画笔设置，大小改为 70 像素，圆度改为 0％，硬度为 15％，如图 6-1-8 所示，前景色为白色，在图层 1 中画一条横线，打开画笔预设，将角度改为 90°，如图 6-1-9 所示，竖直着画一条线，选择柔边圆画笔，如图 6-1-10 所示，调整大小，在中间交叉处单击一下，如图 6-1-11 所示，将光亮效果图层拖入"钻石臻爱永恒"文档中，放置在合适的位置，可多复制几个图层，调整大小和旋转角度放在高光地方，完成钻石戒指光亮效果，如图 6-1-12 所示。

图 6-1-8

图 6-1-9

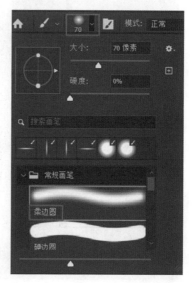

图 6-1-10

图 6-1-11 图 6-1-12

（4）添加光效效果。新建透明图层，选择钢笔工具 ，在画布上方画一条 S 形线条，选择画笔工具，大小为 40 像素，前景色改为浅蓝色，选择钢笔工具，鼠标右键单击"路径"，选择"描边路径"→"工具：画笔"，点击"确定"，将图层改为"S 线 1"，按【Ctrl＋J】键拷贝图层，选择"滤镜"→"模糊"→"高斯模糊"，如图 6-1-13 所示。再对"S 线 1"复制一次，选择"滤镜"→"模糊"→"高斯模糊"，修改"S 线 1"图层不透明度，这样层次丰富的光效就完成了，如图 6-1-14 所示。

图 6-1-13 图 6-1-14

（5）重复光效效果的步骤，完成画布下方的"S 线 2"光效效果，如图 6-1-15 所示。

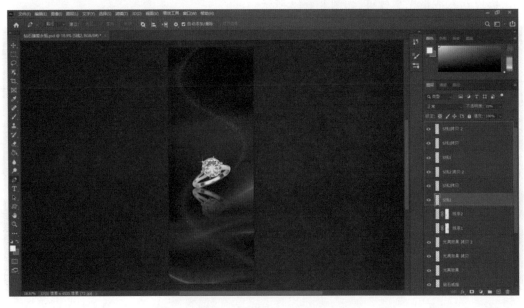

图 6-1-15

三、添加文字

（1）添加主题文字。选择文字工具 **T**，输入"钻石臻爱永恒"文字内容，字体为黑体，字号为200，颜色为白色，如图6-1-16所示。

图 6-1-16

（2）制作金属文字效果。选中图层右键将文字图层转换为智能对象，添加"渐变叠加"图层样式，以浅黄色（R:225，G:232，B:136）、金黄色（R:215，G:179，B:93）渐变，如图6-1-17所示，角度为68度，缩放为123％，如图6-1-18所示。

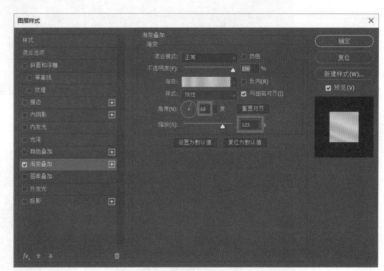

图 6-1-17　　　　　　　　　　　　　　　　　图 6-1-18

（3）添加斜面和浮雕图层样式，如图6-1-19所示，修改图层样式参数，如图6-1-20所示。

（4）按【Ctrl＋J】键拷贝图层，重命名为"增加亮部"，图层填充改为0％，隐藏渐变叠加图层样式，修改图层样式参数，如图6-1-21所示。

（5）添加投影。复制文字图层，重命名为"投影"，图层样式只加投影，参数如图6-1-22所示，再选择"滤镜"→"模糊"→"动感模糊"，角度为56度，距离为40像素，移动投影到合适位置，添加颜色叠加，参数如图6-1-23所示。

图 6-1-19

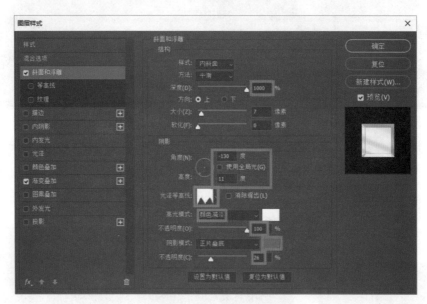

图 6-1-20

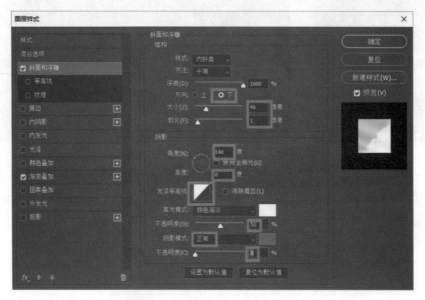

图 6-1-21

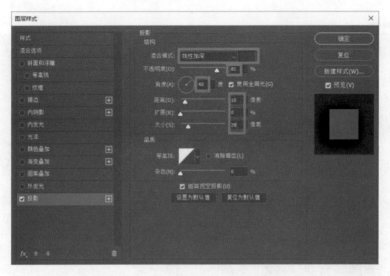

图 6-1-22

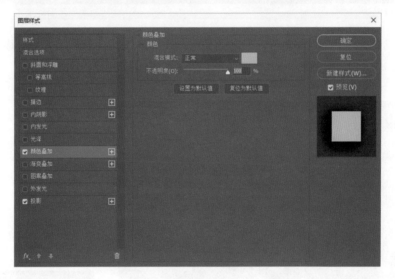

图 6-1-23

（6）塑造光感和质感。复制文字图层，重命名为"光感和质感"，修改斜面与浮雕图层样式，参数如图 6-1-24 所示，添加描边图层样式，参数如图 6-1-25 所示。

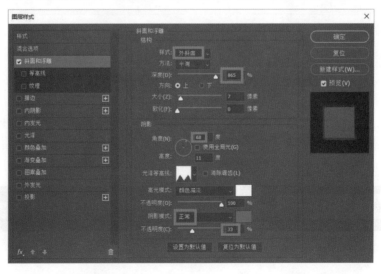

图 6-1-24

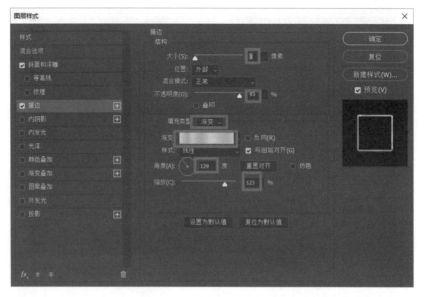

图 6-1-25

　　(7)加光。复制文字图层,重命名为"光感",只添加投影,图层填充改为 0%,移动到合适位置,参数如图 6-1-26 所示,复制光亮效果,对文字的亮部进行点缀,如图 6-1-27 所示。

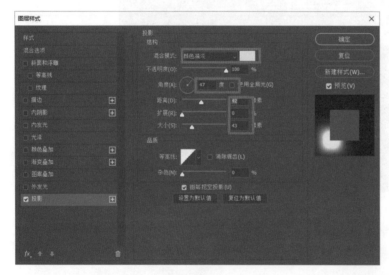

图 6-1-26　　　　　　　　　　　　　　　　　　　　图 6-1-27

　　(8)添加其他文字。选择文字工具,输入文字"会员下单至高减 500 元",字体为"黑体",字号为"150 点",颜色为深蓝色(R:28,G:47,B:100)。选择圆角矩形工具 ◻,圆角半径改为"50 像素",填充淡黄色(R:244,G:244,B:206),在文字下方绘制圆角矩形,如图 6-1-28 所示。

　　选择文字工具,输入文字"法式轻奢单钻戒指",字体为"黑体",字号为"120 点",颜色为白色;新建文本图层,输入文字"纯银戒身 时尚外观 独家定制",字体为"黑体",字号为"98 点",颜色为白色,选择直线工具 ∕,在文字中间空白处绘制一条竖线,填充为"白色",描边为"白色、10 像素",按【Ctrl+J】键复制,向左移动,如图 6-1-29 所示,调整所有文字图层居中对齐。

会员下单至高减500元　　　　　　　纯银戒身 | 时尚外观 | 独家定制

图 6-1-28　　　　　　　　　　　　　　　　　　图 6-1-29

四、添加图案并保存

（1）打开素材/模块六/案例一/03、04 文件，并将其摆放在合适位置，对作品进行整体调整，如图 6-1-30 所示。

（2）选择"文件"→"存储"，保存文件（【Ctrl＋S】），效果图即制作完成。

图 6-1-30

案例小结

传统节日是每个国家和民族独特的文化符号，承载着丰富的历史、文化和价值观念。它们不仅是人们欢庆和祈福的时刻，更是传承和弘扬传统文化的重要一环。在当代社会，传统节日的意义和价值愈发凸显，对于维护文化多样性、促进社会和谐以及塑造个人身份认同等方面具有重要意义。

《钻石臻爱永恒》X 展架设计以传统节日"七夕节"为基础，蓝色星空为背景，丰富的文字图层，有序的排列，突出活动的主题和活动，让消费者清晰明了地了解到活动关键信息；图层样式的熟练运用，让整个设计充满层次感和高级感，符合产品定位。

Photoshop 实战案例精粹

自我评价

请根据自己的完成情况填写表 6-1-1,并根据掌握程度涂☆。

表 6-1-1　自我评价表

知识与技能点	在本案例中的作用(填写关键词)	掌握程度
文字工具		☆☆☆☆☆
钢笔工具		☆☆☆☆☆
滤镜→高斯模糊		☆☆☆☆☆
图层样式		☆☆☆☆☆
渐变工具		☆☆☆☆☆

案例二　设计手提盒包装——《重庆十大特产》

　　一个优秀的包装设计,是包装造型设计、结构设计、装潢设计三者的有机统一,只有这样,才能充分地发挥包装设计的作用。包装设计不仅涉及技术和艺术两大学术领域,还涉及许多其他相关学科,因此,要得到一个好的包装设计,是需要下一番苦功的。

　　包装设计就是根据产品对包装的目的和要求,为其进行包装材料、包装造型、包装结构和视觉信息传达等综合的、完整合理的专门设计,并且在产品的包装物上按产品的特性,以一定的文字设计、图案设计、色彩设计、编排设计等保护产品、美化产品、宣传产品,以促进产品销售。

案例导入

　　重庆十大特产包含江津米花糖、武隆羊角豆干、重庆怪味胡豆、火锅底料、灯影牛肉、白市驿板鸭、磁器口陈麻花、酸辣泡凤爪、涪陵榨菜、合川桃片。

　　重庆某特产店为庆祝成立十周年,特别推出礼盒套装,现在店铺需要设计一款十周年庆的礼盒包装,要求商品图片清晰醒目,画面丰富、色彩搭配合理。

　　《重庆十大特产》的手提盒包装设计效果图如图 6-2-1 所示。

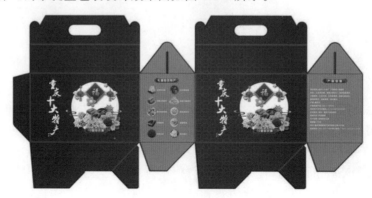

图 6-2-1

案例分析

对图 6-2-1 所示手提盒包装设计效果图进行以下分析。

布局：左右构图，将版面分割为左右两部分，通过设计元素的布局让画面整体呈现出左右的分布趋势，具有平衡、稳定、相互呼应的特点。

色彩搭配：吸取了重庆市城市形象标志的红色和橙色，整体以暖色调为主，给人以亲密、温暖的感觉。红色代表热情、奔放、喜悦、喜庆，橙色代表活力激情、狂热、时尚、青春、动感。

设计感：产品字体设计给人历史悠久、传承的年代感，符合重庆市特产的特点，图片以圆形为主，聚集了十大特产图片，醒目突出。

《重庆十大特产》手提盒包装设计思路如图 6-2-2 所示。

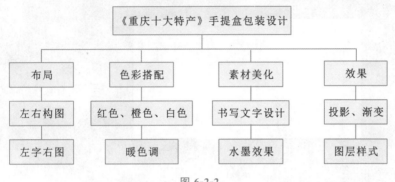

图 6-2-2

学习目标

· **知识目标**

1.了解什么是包装设计。

2.知道包装设计常用盒型。

3.知道左右构图的含义。

· **技能目标**

1.能熟练运用图层样式——投影。

2.能熟练运用图层样式——渐变叠加。

3.能熟练使用橡皮擦工具。

· **素养目标**

1.通过真实活动任务培养学生自主学习的习惯、爱好。

2.通过手提盒包装设计，渗透绿色环保及节约意识。

3.通过学习过程，学生能够尊重全国各地不同特产的差异。

操作步骤

✍ 一、制作背景

(1)打开素材/模块六/案例二/"1 提手盒",如图 6-2-3 所示。

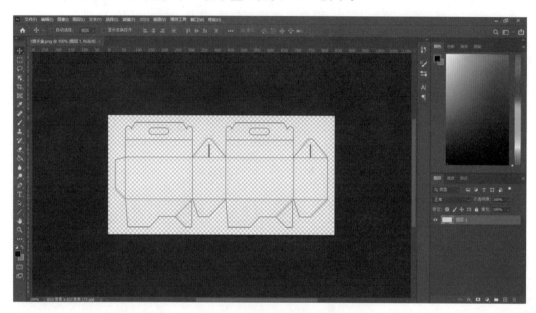

图 6-2-3

(2)打开素材/模块六/案例二/"红色喜庆背景",调整大小,覆盖手提盒,如图 6-2-4 所示;选择钢笔工具 ⏚,沿着蓝色线条绘制闭合路径,鼠标右键建立选区,按【Ctrl+Shift+I】键反选,按【Delete】键删除,选择橡皮擦工具 ⌫,将手提盒把手位置和卡口位置的背景删除,如图 6-2-5 所示。

图 6-2-4

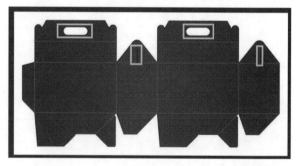

图 6-2-5

(3)选择钢笔工具 ⏚,绘制侧面闭合路径,鼠标右键建立选区,新建透明图层 ⊡,前景色选择橙色(R:230,G:120,B:23),按【Alt+Delete】键填充前景色,如图 6-2-6 所示;按【Ctrl+J】键拷贝图层,按住【Shift】键并将鼠标平行移动到合适位置,如图 6-2-7 所示。

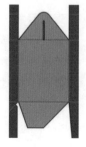

图 6-2-6

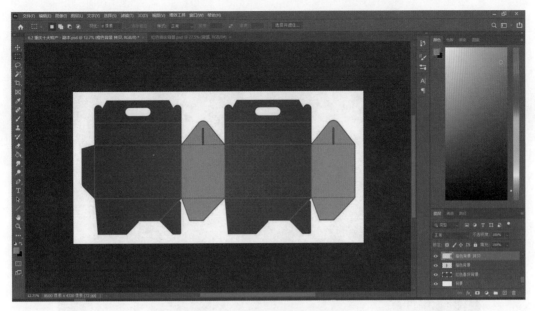

图 6-2-7

二、字体设计

（1）将素材/模块六/案例二中的字体"方正启笛简体"，如图 6-2-8 所示，复制到 C 盘-Windows-Fonts 中，选择文字工具 **T**，输入"重庆十大特产"，每个字单独在一个图层，字体"方正启笛简体"，颜色"白色"，大小根据情况而定，如图 6-2-9 所示。

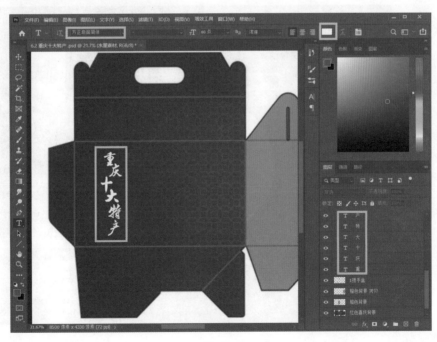

图 6-2-8　　　　　　　　　　　　　　　　　　图 6-2-9

（2）打开素材/模块六/案例二/"水墨素材 1"-"水墨素材 4"，调整大小，将素材放置在文字合适位置，并置于文字下方，根据整体效果对素材进行拷贝，按住【Ctrl】键，鼠标点击水墨素材缩览图建立选区，前景色改为"白色"，按【Ctrl＋Delete】键填充前景色，按【Ctrl＋D】键取消选区，如图 6-2-10所示。

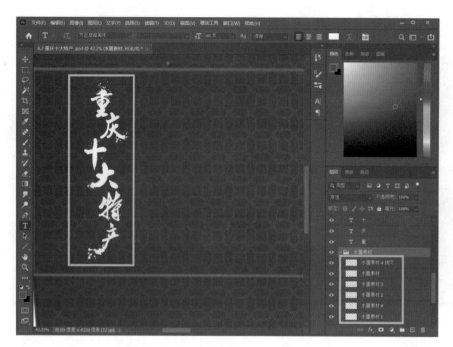

图 6-2-10

三、主图设计

（1）选择椭圆工具 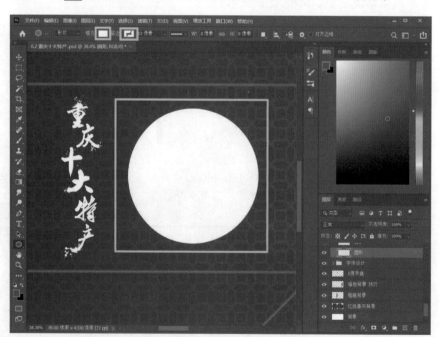，绘制正圆，填充色为白色，无描边，如图 6-2-11 所示。

图 6-2-11

　　（2）打开素材/模块六/案例二/"白色大花""白色小花""灯笼""方形红色素材""粉色大花""粉色迷你花""粉色小花""花""祥云 1""祥云 2""云 1"，调整大小，按【Ctrl＋J】键对部分素材进行拷贝，放置在白色圆形上方合适位置，如图 6-2-12 所示。

　　（3）选择文字工具 T，输入"福"，字体为"华文行楷"，字号为"212"，颜色为"浅黄色（R：255，G：226，B：172）"，放置于"方形红色素材"图层上方，如图 6-2-13 所示。

图 6-2-12

图 6-2-13

（4）添加图层样式——渐变叠加。双击福文字图层,选中"渐变叠加",单击渐变图像,设置从浅黄色(R:255,G:231,B:169)到金黄色(R:216,G:137,B:70)的渐变,如图 6-2-14 所示;修改渐变叠加参数,如图 6-2-15 所示。

（5）添加图层样式——投影。选中"投影",色彩改为深红色(R:151,G:31,B:20),其他参数设置如图 6-2-16 所示,整体效果如图 6-2-17 所示。

（6）打开素材/模块六/案例二中的十大特产素材,按【Ctrl+T】键调整大小,移动到合适位置,注意近大远小透视原理,如图 6-2-18 所示。

（7）打开素材/模块六/案例二/"边框",选择文字工具，输入"10 周年庆典",字体为"汉真广标",字号为"60",颜色为"浅黄色(R:255,G:231,B:169)",放置于"边框"图层上方,如图 6-2-19 所示;双击文字图层,添加图层样式——投影,色块为深红色(R:151,G:31,B:20),其他参数修改如图 6-2-20 所示。

（8）按【Ctrl+J】键,对文字设计"重庆十大特产",主图设计"十大特产、素材"进行拷贝,按住【Shift】键,平行移动拷贝图层,如图 6-2-21 所示。

图 6-2-14

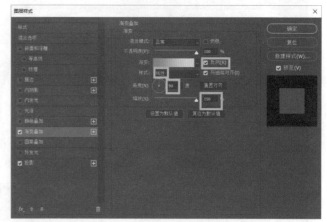

图 6-2-15

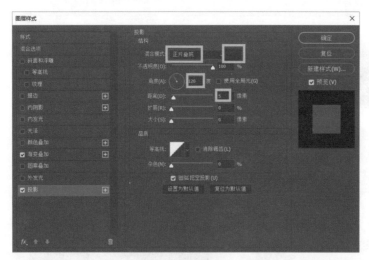

图 6-2-16

图 6-2-17

图 6-2-18

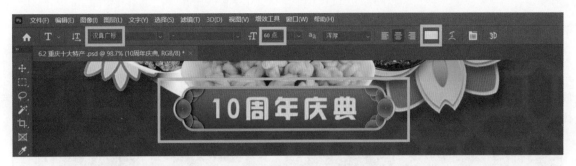

图 6-2-19

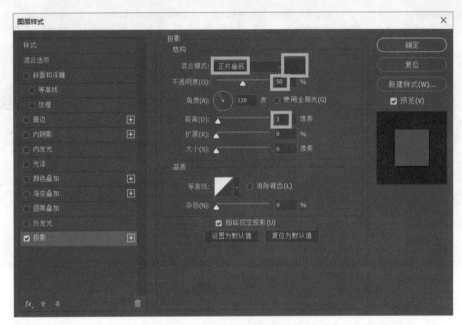

图 6-2-20

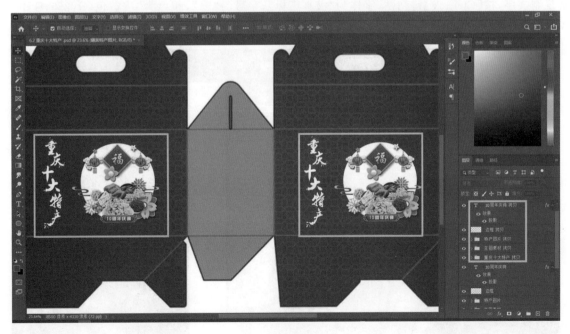

图 6-2-21

Photoshop 实战案例精粹

四、侧面设计

（1）按【Ctrl+J】键，拷贝"边框"图层、"10周年庆典"文字图层，修改文字内容"礼盒包含特产"，放置于侧面上方位置，复制十大特产图层，进行两列排版，选择文字工具，输入十大特产名称，字体为"汉真广标"，字号为"34"，颜色为"浅黄色（R：255，G：231，B：169）"，如图6-2-22所示。

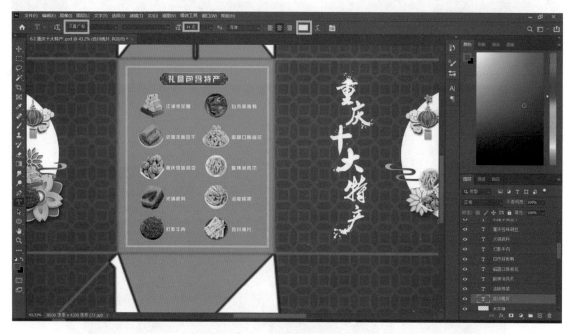

图 6-2-22

（2）按【Ctrl+J】键，拷贝"边框"图层、"10周年庆典"文字图层，修改文字内容"产品信息"，放置于侧面上方位置，选择文字工具，打开素材/模块六/案例二中的"包装盒信息"文件，按【Ctrl+C】键复制文字，按【Ctrl+V】键粘贴，字体为"汉真广标"，字号为"34"，颜色为"浅黄色（R：255，G：231，B：169）"，如图6-2-23所示。

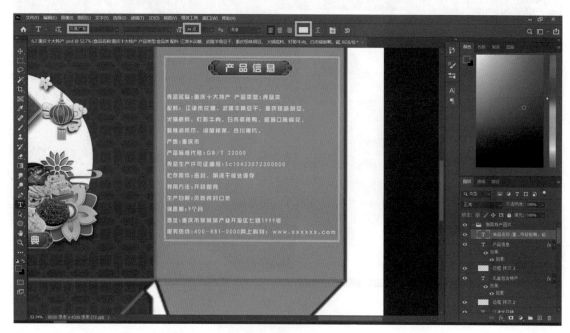

图 6-2-23

五、调整并保存

（1）检查，调整所有图层，如图 6-2-24 所示。
（2）选择"文件"→"存储"，保存文件，效果图即制作完成。

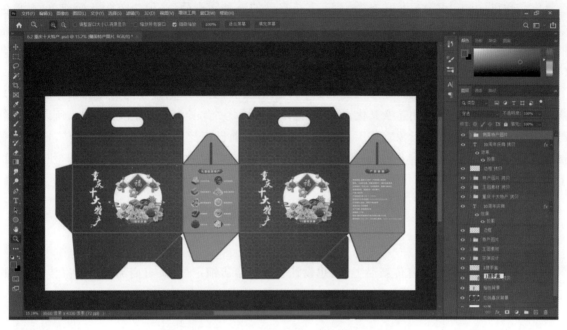

图 6-2-24

案例小结

纸盒包装的特点：①保护性能优越；②价格低廉，成本低；③易于加工，适用于各种印刷方法；④便于储存和运输；⑤环保，可回收再利用。

《重庆十大特产》手提盒包装设计以暖色调为基础，运用图层样式——投影，增加文字的立体效果，突显主题文字，运用图层样式——渐变叠加，增加了文字的颜色丰富程度，增添了庆典氛围。通过特产图片和水墨艺术字设计，整个手提盒包装充满喜庆和设计感。

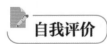

自我评价

请根据自己的完成情况填写表 6-2-1，并根据掌握程度涂☆。

表 6-2-1　自我评价表

知识与技能点	在本案例中的作用（填写关键词）	掌握程度
图层样式——投影		☆☆☆☆☆
图层样式——渐变叠加		☆☆☆☆☆
橡皮擦		☆☆☆☆☆
编辑、调整		☆☆☆☆☆
拷贝		☆☆☆☆☆

案例三 设计宣传单——《麦香日记》

　　宣传单(leaflets)又称宣传单页,是商家宣传自己的一种印刷品,一般为单张双面或单面、单色或多色印刷,材质包括传统的铜版纸和现在流行的餐巾纸。传单一般分为两大类,一类主要作用是推销产品,发布一些商业信息或寻人启事之类。另外一类是义务宣传,例如宣传人们无偿献血,宣传征兵等。

　　宣传单能非常有效地把企业形象提升到一个新的层次,更好地把企业的产品和服务展示给大众,详细说明产品的功能、用途及其优点(与其他产品不同之处),诠释企业的文化理念,所以宣传单已经成为企业必不可少的形象宣传工具之一。宣传单目前已广泛运用于展会招商宣传,房产招商楼盘销售,学校招生,产品推介,旅游景点推广,特约加盟,推广品牌提升,宾馆酒店宣传,使用说明,上市宣传,等等。

案例导入

　　麦香日记面包店为了宣传新品上市,想设计一款符合店铺定位、具有商品特色的宣传单,目的是吸引更多顾客进店消费,或者体验店铺的 DIY 活动,从而增加店铺的销量。

　　整体设计以棕色为主,体现出食品的特色,色彩搭配合理,宣传单中的图案以店铺真实拍摄面包为素材,设计风格大气、简约,图案和文字编排合理,让客户拿到宣传单就想进店参观、下单、咨询。

　　《麦香日记》的宣传单设计效果图如图 6-3-1 所示。

图 6-3-1

 案例分析

对图 6-3-1 所示宣传单设计效果图进行以下分析。

布局：左右构图、上下构图，正面将版面分割为左右两部分，反面将版面分割为上下两部分，通过设计元素的布局让画面整体呈现出左右的分布趋势，具有平衡、稳定、相互呼应的特点；画面中的元素整体呈现出上下的分布趋势，主空间承载视觉点，次空间承载阅读信息，呈现的视觉效果平衡而稳定。

色彩搭配：以面包棕色为主色调，棕色代表着稳定和中立，是一种可靠、值得信赖的颜色。面包店作为食品店，要为顾客的健康着想，给顾客展示的就是食物干净、健康，是可以放心食用的。白色、黑色作为中性色可以很好地和棕色进行搭配。

设计感：宣传单主标题为店铺名称，着重字体设计，以画笔粗、稳为主，给人稳重、沉稳的感觉，图片以真实店铺面包为主，外形有趣、色彩丰富，肌理感强。图文编排合理，具有设计感。

《麦香日记》宣传单设计思路如图 6-3-2 所示。

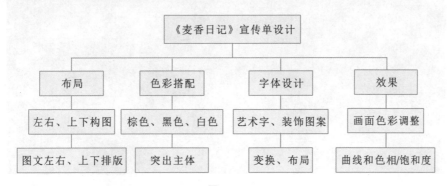

图 6-3-2

学习目标

- **知识目标**
1. 了解什么是宣传单。
2. 知道宣传单的作用。
3. 知道上下构图的含义。

- **技能目标**
1. 能熟练运用曲线。
2. 能熟练运用色相/饱和度。
3. 能熟练使用直线工具。

- **素养目标**
1. 通过食品店铺真实活动任务培养学生健康饮食的习惯。
2. 通过宣传单设计，培养学生诚实守信的意识。
3. 通过学习过程，培养学生自主学习、深入思考的习惯。

设计宣传单——
《麦香日记》

一、制作正面背景

(1)按【Ctrl＋N】键新建文档，尺寸为 210mm×285mm，如图 6-3-3 所示。

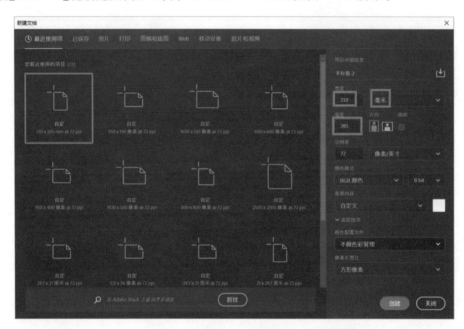

图 6-3-3

(2)创建新图层 ⊟，选择矩形选框工具 ⊡，在新建图层中绘制矩形选框，前景色改为棕色(R：165，G：76，B：44)，按【Alt＋Delete】键填充前景色，按【Ctrl＋D】键取消选区，如图 6-3-4 所示。

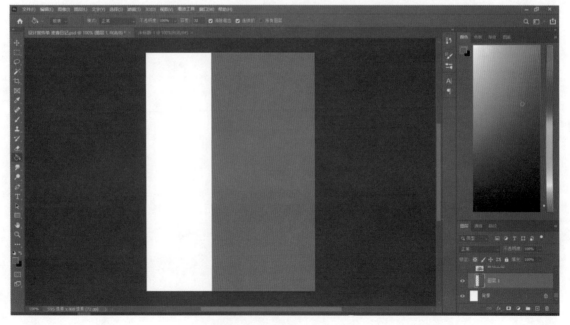

图 6-3-4

二、字体设计

（1）将素材/模块六/案例三"HuXiaoBo"文件，如图 6-3-5 所示，复制到 C 盘-Windows-Fonts 中，选择文字工具 T，输入"麦香日记"，每个字单独在一个图层，字体为"HuXiaoBo"，颜色为"深棕色（R:150,G:103,B:64）"，大小根据情况而定，如图 6-3-6 所示。

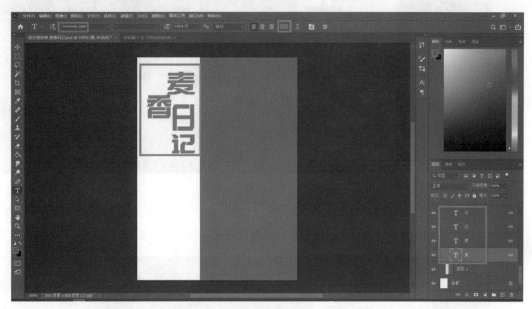

图 6-3-5　　　　　　　　　　　　　　　　　　　　　　图 6-3-6

（2）选择直排文字工具 IT，输入"用心烘焙 感受收获的喜悦"，字体为"Adobe 黑体 Std"，字号为"14 点"，颜色为"深棕色（R:150,G:103,B:64）"，如图 6-3-7 所示。

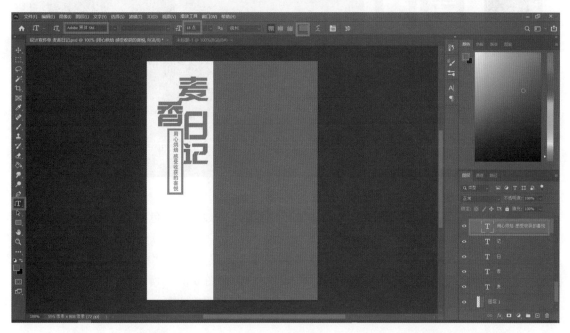

图 6-3-7

（3）选择直排文字工具 IT，输入"新品上市 烘焙小麦"，字体为"Adobe 黑体 Std"，字号为"18 点"，颜色为"深棕色（R:150,G:103,B:64）"，如图 6-3-8 所示。

图 6-3-8

(4)选择直线工具 ，选择"形状"，填充为"深棕色(R:150,G:103,B:64)"，描边为"深棕色(R: 150,G:103,B:64)、3 像素"，直线长度与文字图层一致，如图 6-3-9 所示。

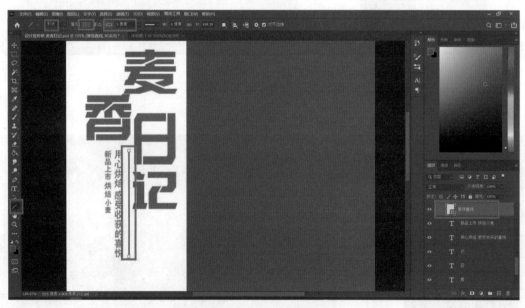

图 6-3-9

(5)选择椭圆选框工具 ，绘制圆形，创建新图层 ，填充为"深棕色(R:150,G:103,B:64)"， 按【Ctrl+J】键拷贝圆形，向下移动，如图 6-3-10 所示。

(6)选择文字工具 ，输入"美食"，每个字单独在一个图层，字体为"Adobe 黑体 Std"，颜色为 "白色"，字号为"21 点"，放置于圆形图层的上方，居中排版，如图 6-3-11 所示。

(7)打开素材/模块六/案例三/"厨师帽"文件，按【Ctrl+T】键调整大小，移动位置，如图 6-3-12 所示。

(8)选择矩形选框工具 ，绘制矩形，无填充，描边为"白色、3 像素"，如图 6-3-13 所示。

(9)选择文字工具 ，输入"新品上市"，字体为"汉真广标"，颜色为"白色"，字号为"27 点"，输 入"LISTING"，字体为"汉真广标"，颜色为"白色"，字号为"34 点"，放置于矩形选框顶端和底端，居 中排版，如图 6-3-14 所示。

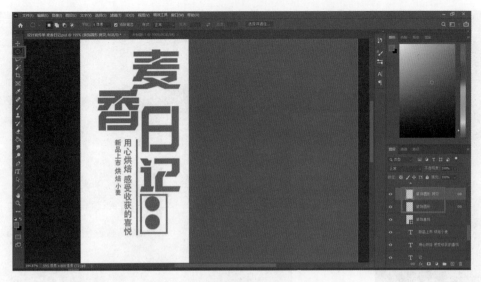

图 6-3-10

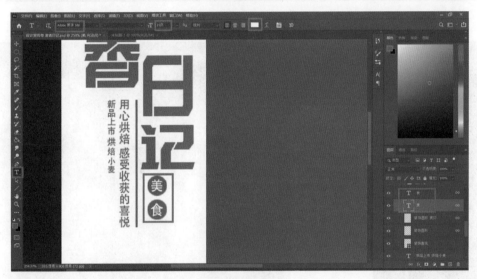

图 6-3-11

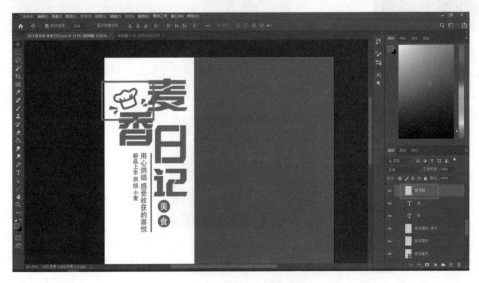

图 6-3-12

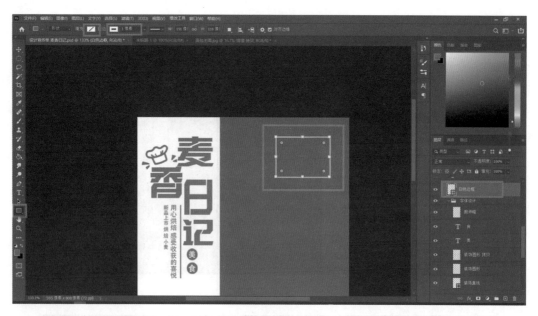

图 6-3-13

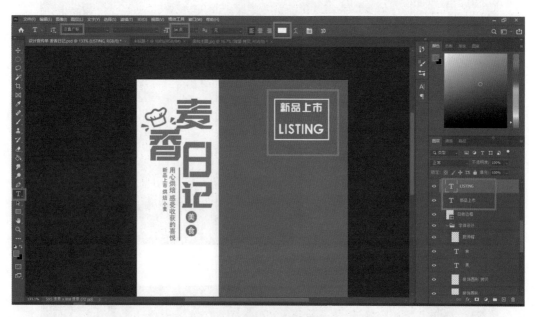

图 6-3-14

(10)选择文字工具 **T** ，输入"NEWPRODUCT"，字体为"Adobe 黑体 Std"，颜色为"白色"，字号为"20 点"，放置于矩形选框中间，居中排版，如图 6-3-15 所示。

图 6-3-15

(11)选择文字工具 **T** ，打开素材/模块六/案例三/"麦香日记宣传语"文件，按【Ctrl＋C】键复制文字，按【Ctrl＋V】键粘贴，字体为"Adobe 黑体 Std"，颜色为"浅棕色（R：232，G：191，B：157）"，字号为"14 点"，右对齐文本，如图 6-3-16 所示。

图 6-3-16

(12)选择文字工具 ，输入"电话：0000000 地址：XXXXXXXX"，字体为"Adobe 黑体 Std"，颜色为"浅棕色(R：232，G：191，B：157)"，字号为"14 点"，右对齐文本，如图 6-3-17 所示。

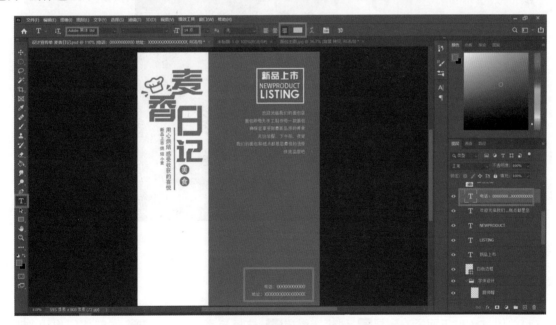

图 6-3-17

三、主图设计

(1)打开素材/模块六/案例三/"面包主图"文件，选择魔棒工具 ，删除背景，按【Ctrl＋T】键调整大小，旋转角度，如图 6-3-18 所示。

(2)打开素材/模块六/案例三/"人 1""人 2"和"箭头"，按【Ctrl＋T】键调整大小，旋转角度，如图 6-3-19 所示。

图 6-3-18

图 6-3-19

四、宣传单背面设计

(1)关闭宣传单正面所有图层 ，创建新图层 ，选择矩形选框工具 ，在新建图层中绘制矩形选框，前景色改为棕色(R:165,G:76,B:44)，按【Alt+Delete】键填充前景色，按【Ctrl+D】键取消选区，如图 6-3-20 所示。

(2)按【Ctrl+J】键，复制正面"麦香日记"字体设计，修改字号，调整排版为横排，放置于棕色色块上方，居中对齐，如图 6-3-21 所示。

(3)按【Ctrl+O】键，打开素材/模块六/案例三"面包 1"和"面包 2"，按【Ctrl+T】键调整大小，如图 6-3-22 所示。

(4)选择文字工具 ，输入"MAKING FOOD."，字体为"Adobe 黑体 Std"，颜色为"棕色(R:165,G:76,B:44)"，字号为"20 点"，如图 6-3-23 所示。

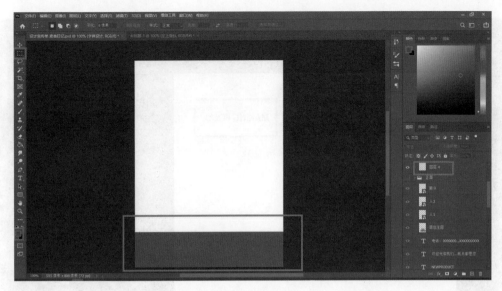

图 6-3-20

图 6-3-21

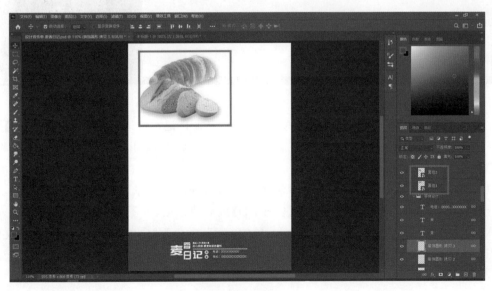

图 6-3-22

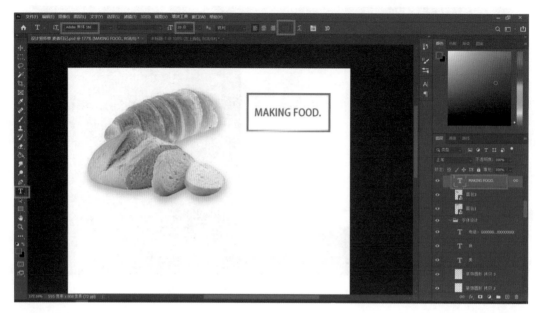

图 6-3-23

(5)选择直线工具 ，选择"形状"，填充为"棕色（R：165，G：76，B：44）"，描边为"棕色（R：165，G：76，B：44）、3 像素"，绘制直线 1，在右边绘制直线 2，填充为"浅棕色（R：232，G：191，B：157）"，描边为"浅棕色（R：232，G：191，B：157）、3 像素"，如图 6-3-24 所示。

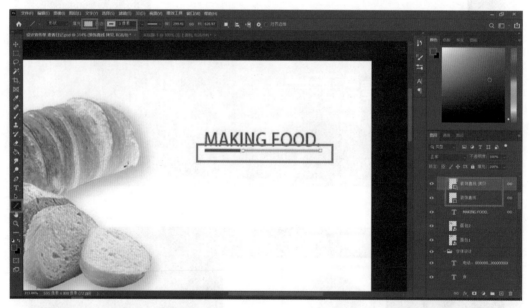

图 6-3-24

(6)选择文字工具 ，打开素材/模块六/案例三/"麦香日记宣传语"文件，按【Ctrl＋C】键复制文字，按【Ctrl＋V】键粘贴，字体为"Adobe 黑体 Std"，颜色为"棕色（R：165，G：76，B：44）"，字号为"12 点"，如图 6-3-25 所示。

(7)选择矩形选框工具 ，在新建图层中绘制矩形选框，前景色改为棕色（R：165，G：76，B：44），按【Alt＋Delete】键填充前景色，按【Ctrl＋D】键取消选区，如图 6-3-26 所示；选择文字工具 ，输入"亲手体验制作美食"，字体为"Adobe 黑体 Std"，颜色为"白色"，字号为"12 点"，放置于棕色矩形上方，如图 6-3-27 所示。

图 6-3-25

图 6-3-26　　　　　　　　　　　　　　　　图 6-3-27

(8)选择直线工具 ▱，选择"形状"，填充为"浅棕色(R：232，G：191，B：157)"，描边为"浅棕色(R：232，G：191，B：157)、3 像素"，如图 6-3-28 所示。

图 6-3-28

(9)按【Ctrl＋O】键，打开素材/模块六/案例三/"全麦面包"文件，按【Ctrl＋T】键调整大小，选择"图像"→"调整"→"曲线"(【Ctrl＋M】)，如图 6-3-29 所示，调整曲线、色相/饱和度，如图 6-3-30 所示。

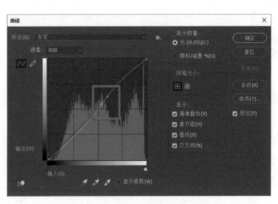

图 6-3-29　　　　　　　　　　　　　　　　图 6-3-30

（10）按【Ctrl＋J】键拷贝文字图层、直线，修改文字内容；重复以上操作两次，完成"南瓜欧包" "芝麻贝果"，如图 6-3-31 所示。

图 6-3-31

五、调整并保存

（1）检查、调整所有图层，如图 6-3-32 所示。
（2）选择"文件"→"存储"，保存文件（【Ctrl＋S】），完成效果图制作。

图 6-3-32

案例小结

  制作宣传单时首先要明确尺寸，其次通过设计和质量体现出专业性，再次是要有一个强有力的宣传单标题，使用销售的语言，图形选择符合公司形象、消费者群体的要求。

  《麦香日记》宣传单设计以棕色为基调，运用艺术字、图案凸显主题，曲线、色相/饱和度的调整有利于美化面包产品图片，直线工具的运用增加了整体画面的丰富程度，整体简洁、语言精练，图案大气，使宣传单具有易读性。

 **自我评价**

请根据自己的完成情况填写表 6-3-1,并根据掌握程度涂☆。

表 6-3-1 自我评价表

知识与技能点	在本案例中的作用(填写关键词)	掌握程度
曲线		☆☆☆☆☆
色相/饱和度		☆☆☆☆☆
直线工具		☆☆☆☆☆
居中对齐		☆☆☆☆☆
拷贝		☆☆☆☆☆

案例四 公交站台广告设计——《智能家电》

公交站台广告是户外广告形式的一种,是指设置在车辆停靠站站牌上的广告。人们在候车时往往要注意站点名,一般就能留意到该广告。

公交站台相对其他媒体价格较低廉,其千次曝光成本很低,可谓是户外性价比最高的媒体点位了。车站站牌设置在城区交通要道,处在繁华地区,乘车人员众多。在这些公交车站,候车人员、乘车人员、步行人员、骑自行车人员、驾车人员均可看到其上发布的广告,传播效果好,转化率高。

 案例导入

夏天到了,某家电城为了促进夏季销量,特别策划了"夏焕新"特惠活动,全场家电低至四折起,还有以旧换新活动,为了宣传该活动,该公司计划在入住率较高的小区附近的公交站牌投放广告,以此达到宣传目的。

广告牌设计不仅要突显活动,吸引顾客到店购买,而且要展示家电商品图片,营造一种夏季凉爽干净的家居生活格调。

《智能家电》公交站台广告设计效果图如图 6-4-1 所示。

图 6-4-1

 **案例分析**

对图 6-4-1 所示公交站台广告效果图进行以下分析。

布局：垂直构图，以垂直线条为主。垂直线在人们的心里是符号化象征，能充分展示画面的辽阔和深度。

色彩搭配：炎热夏季，需要采用冷色调，从视觉上进行降温。绿色代表清新、希望、安全、平静、舒适、生命、和平、宁静、自然、环保、成长、生机、青春、放松；棕色常使人联想到泥土、大地、自然、简朴，它给人可靠、有益健康的感觉。

设计感：背景搭建以室内为主，通过阴影、光线、投影来营造环境真实感；文字醒目、简单，使顾客能清晰明了地了解活动；热销商品的展示，吸引消费者的目光。通过钢笔工具绘制投影、阴影的外形，修改图层模式，让其融入画面。

《智能家电》公交站台广告设计思路如图 6-4-2 所示。

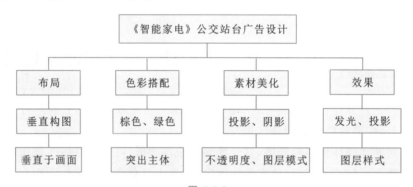

图 6-4-2

学习目标

·**知识目标**

1.了解什么是公交站台广告设计。

2.知道公交站台广告的优势。

3.知道垂直构图的含义。

·**技能目标**

1.能熟练运用图层样式——描边。

2.能熟练运用图层样式——内发光。

3.能熟练运用图层样式——内阴影。

·**素养目标**

1.通过学习色彩搭配，渗透绿色环保、保护环境意识。

2.通过公交站台广告设计，倡导绿色环保出行，鼓励大家乘坐公共交通工具。

3.通过学习过程，培养学生小组合作能力。

AD **操作步骤**

一、制作背景

(1)按【Ctrl＋N】键新建文档,尺寸为 350cm×150cm,如图 6-4-3 所示。

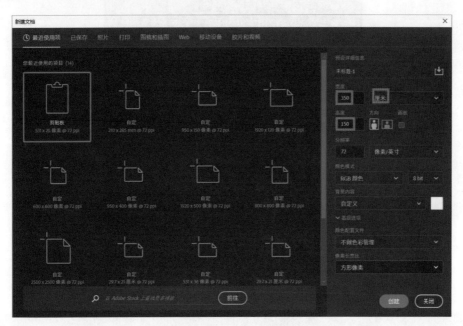

图 6-4-3

(2)按【Ctrl＋O】键打开素材/模块六/案例四/"立体墙面"文件,放置于画布右上角,打开素材/模块六/案例四/"绿色墙纸"文件,放置于"立体墙面"左边,调整大小,如图 6-4-4 所示。

图 6-4-4

Photoshop 实战案例精粹

（3）选择矩形选框工具██，新建透明图层▣，选择渐变工具█，打开"渐变编辑器"，设置从咖色（R：156，G：139，B：122）到浅咖色（R：206，G：183，B：161）的渐变，如图 6-4-5 所示；选择"线性渐变"，模式选择"溶解"，从矩形选框左拉到右，如图 6-4-6 所示。

图 6-4-5

图 6-4-6

（4）按【Ctrl＋O】键打开素材/模块六/案例四/"窗帘"文件，放置于"绿色墙布"左侧，按【Ctrl＋T】键调整大小，如图 6-4-7 所示。

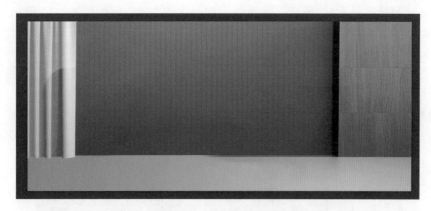

图 6-4-7

二、主图设计

(1)按【Ctrl＋O】键打开素材/模块六/案例四/"冰箱"和"洗衣机"文件,按【Ctrl＋T】键调整大小,如图 6-4-8 所示。

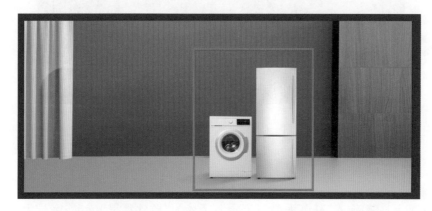

图 6-4-8

(2)按【Ctrl＋O】键打开素材/模块六/案例四/"绿植 1""绿植 2""脏衣篮""沙发""桌子""吊灯"文件,按【Ctrl＋T】键调整大小,如图 6-4-9 所示。

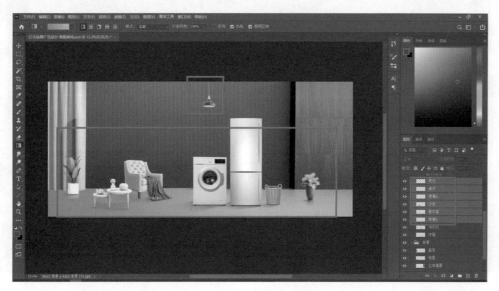

图 6-4-9

（3）按【Ctrl＋J】键拷贝素材"吊灯"，将图层不透明度改为 50％，如图 6-4-10 所示；长按图层样式 ，添加"内发光"效果，参数修改如图 6-4-11 所示。

图 6-4-10

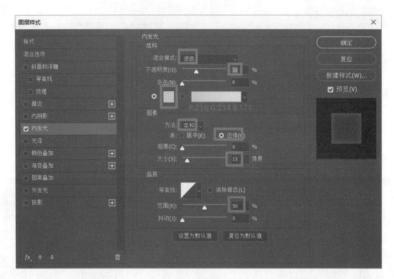

图 6-4-11

三、文字设计

（1）选择文字工具 T，输入"夏焕新 特惠来袭"，字体为"微软雅黑 Blod"，字号为"615 点"，居中对齐文本，颜色为"白色"，如图 6-4-12 所示。

图 6-4-12

（2）长按图层样式 fx ，添加"描边"效果，参数修改如图 6-4-13 所示。

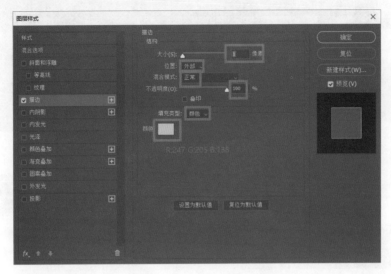

图 6-4-13

（3）勾选"内阴影"，色块改为"深绿色（R:72,G:152,B:120）"，参数修改如图 6-4-14 所示。

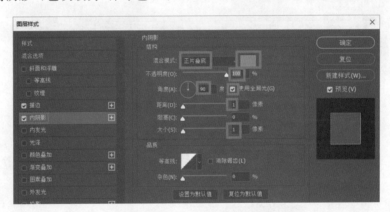

图 6-4-14

（4）勾选"投影"，色块改为"橄榄绿（R:38,G:100,B:79）"，参数修改如图 6-4-15 所示。

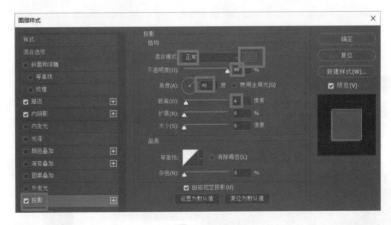

图 6-4-15

（5）选择圆角矩形工具 ，填充"绿色（R:49,G:115,B:91）"，描边为"橄榄绿（R:24,G:86,B:58）、13 像素"，圆角为"150 像素"，如图 6-4-16 所示。

（6）选择文字工具 T ，输入"全场低至四折起"，字体为"微软雅黑 Regular"，字号为"258 点"，颜色为"浅黄色（R:254,G:255,B:207）"，置于绿色圆角矩形上方，居中对齐，如图 6-4-17 所示。

图 6-4-16

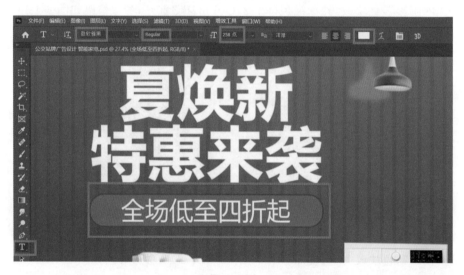

图 6-4-17

(7)选中"夏焕新 特惠来袭"图层样式,单击鼠标右键拷贝图层样式,选中"全场低至四折起",单击鼠标右键粘贴图层样式,如图 6-4-18 所示。

图 6-4-18

四、辅助信息

(1)按【Ctrl＋O】键打开素材/模块六/案例四/"二维码"文件,按【Ctrl＋T】键调整大小。

(2)选择文字工具 **T**,输入"扫码了解活动详情",字体为"阿里巴巴普惠体",字号为"150 点",颜色为"白色",再次输入"XXXX 家电城",字体为"微软雅黑",字号为"180 点",颜色为"白色",如图 6-4-19 所示。

图 6-4-19

五、调整并保存

(1)检查,调整所有图层,如图 6-4-20 所示。

(2)选择"文件"→"存储",保存文件(【Ctrl＋S】),完成效果图制作。

图 6-4-20

【案例小结】

公交站台广告优势如下。

(1)视觉效果好。

(2)公益性强。

(3)反复展示性好。

《智能家电》公交站台广告设计以冷色调为主,运用图层样式——内发光,增加文字的艺术效果,突显主题文字,运用图层样式——描边,增加了文字的外形轮廓感,增强了活动氛围。商品图片和家居装饰图片使整个画面富有生活气息,具有真实感。

自我评价

请根据自己的完成情况填写表6-4-1,并根据掌握程度涂☆。

表 6-4-1　自我评价表

知识与技能点	在本案例中的作用(填写关键词)	掌握程度
图层样式——描边		☆☆☆☆☆
图层样式——内阴影		☆☆☆☆☆
图层样式——内发光		☆☆☆☆☆
圆角矩形工具		☆☆☆☆☆
图层不透明度		☆☆☆☆☆

作　业

《绿色—环保—可持续》包装设计与制作

绿色、环保、可持续发展近年来备受关注。人们越来越注重如何让我们身处的地球更加"健康",如何更加长久、科学地利用现有资源。

《00:00 / 冰淇淋包装》设计:inDare,中国深圳。

"00:00"冰淇淋包装设计的主题是环境保护。随着环境问题日益凸显,设计师希望创建能够促使人们对环境问题进行深入思考的包装。

这三种产品形状涉及三种环境灾难:冰川融化、森林大火和病毒流行。冰淇淋棒上的文字和日期提供了有关环境状况的最新信息,提醒用户保护地球的重要性。

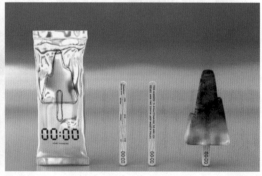

请同学们利用素材,参考《00:00 / 冰淇淋包装》设计思路,完成《绿色—环保—可持续》包装设计与制作(建议素材:模块六\作业\素材)。

模块六作业

模块七
电商网店装修设计——网上购物新体验

电子商务是以网络通信技术进行的商务活动。电子商务涉及电子货币交换、供应链管理、电子交易市场、网络营销、在线事务处理、电子数据交换（EDI）、存货管理和自动数据收集系统。中国电子商务行业发展迅猛，产业规模迅速扩大，电子商务信息、交易和技术等服务企业不断涌现。

案例一 设计网店店招——《母婴亲子店铺》

淘宝店招如同实体店的招牌，其上具体可以设置一些淘宝店铺的名称，淘宝店铺的 Logo，或者收藏按钮、关注按钮，还可以放一些优惠券、促销产品，店铺的公告、导航，店铺的荣誉，等等。

案例导入

某母婴实体店想开设一家淘宝店，以此来拓展线上销售渠道；根据市场调查，希望设计一款吸引宝妈宝爸们的店招。要求：店铺名称醒目，热销商品有图片展示，有下单指引图标和收藏图标，整体色彩统一，不花里胡哨。

《母婴亲子店铺》的网店店招效果图如图 7-1-1 所示。

图 7-1-1

案例分析

对图 7-1-1 所示网店店招效果图进行以下分析。

布局：左右上下构图，店招尺寸宽度大，所以设计时要考虑整体画面的平衡和稳定，不能太空，也不能太满，文字和图案要布局合理，店铺名称标志在左，中间放文字和图案，右边放商品图片和活动语。

色彩搭配：整体以冷色调为主，蓝色非常纯净，通常让人联想到海洋、天空、湖水、宇宙。画面颜色统一干净,收藏爱心图形、体验按钮,用红色能吸引消费者收藏店铺和点进商品详情页了解商品,从而促进顾客进店消费。

设计感:以爱心图形为底,体现出母婴店铺是一个充满爱的网店,利用高斯模糊制作磨砂质感,并采用产品图片的罗列遮挡排版,画面丰富;导航条文字有序整齐排布,中间用直线工具隔开。

网店主图设计思路如图 7-1-2 所示。

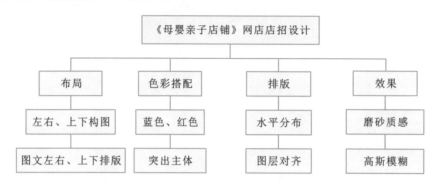

图 7-1-2

 **学习目标**

• **知识目标**

1. 了解什么是图层对齐分布。

2. 知道店招尺寸和大小。

3. 知道店招的用途。

• **技能目标**

1. 能熟练运用高斯模糊滤镜。

2. 能熟练运用图层对齐分布。

3. 能熟练使用亮度/对比度。

• **素养目标**

1. 通过真实活动任务培养学生的职业素养。

2. 通过母婴类店铺案例,培养学生尊老爱幼的习惯。

3. 通过学习过程,培养学生实践动手能力。

 **操作步骤**

设计网店
店招——
《母婴亲子店铺》

一、制作背景

(1)按【Ctrl＋N】键新建文件,尺寸为 1920×150 像素,分辨率为 72 像素/英寸,RGB 模式,背景为白色,如图 7-1-3 所示。

(2)选择渐变工具，打开渐变编辑器,设置白色到灰色(R:218,G:220,B:224)的渐变,如图 7-1-4 所示;选择"线性渐变",从画布左拉到右,如图 7-1-5 所示。

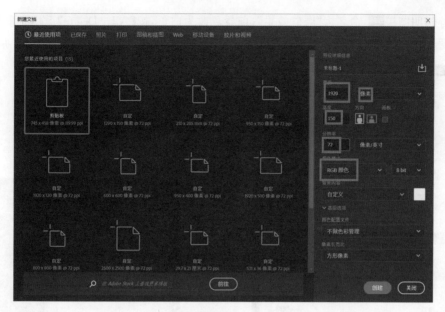

图 7-1-3

图 7-1-4

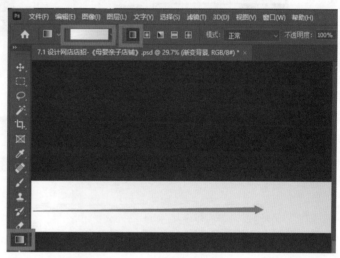

图 7-1-5

（3）选择矩形选框工具 。在画布下方绘制矩形，填充蓝色（R：40，G：76，B：136），无描边，如图 7-1-6 所示。

图 7-1-6

（4）新建透明图层 ，命名为"磨砂效果"，前景色改为白色，按【Alt＋Delete】键填充白色，选择"滤镜"→"模糊"→"高斯模糊"，如图 7-1-7 所示；半径为 1.0 像素，点击"确定"，如图 7-1-8 所示。

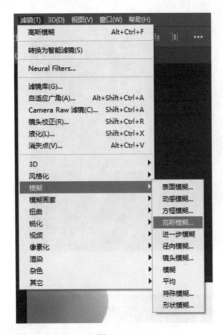

图 7-1-7   图 7-1-8

（5）按【Ctrl＋O】键打开素材/模块七/案例一/"爱心"文件，按【Ctrl＋T】键等比例调整大小（按住【Shift】键任意调整），放置在画布左边，如图 7-1 9 所示。

图 7-1-9

二、添加文字

（1）选择文字工具 T，输入"店铺名""DianPu"文字内容，字体为"站酷酷黑""Blackadder ITC"，字号为"30 点""20 点"，颜色为白色，放置于"爱心"素材上方，如图 7-1-10 所示；在选择移动工具的情况下，选中两个文字图层，选择"居中对齐"，如图 7-1-11 所示。

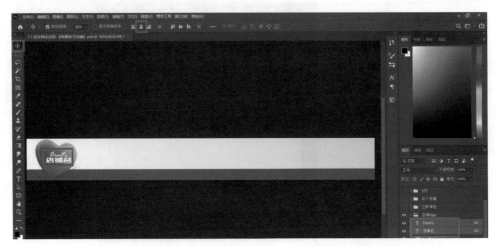

图 7-1-10   图 7-1-11

(2)选择圆角矩形工具 ，填充为"蓝色（R：40，G：76，B：136）"，描边为"深蓝色（R：26，G：48，B：86）、2 像素"，圆角为"150 像素"，如图 7-1-12 所示。

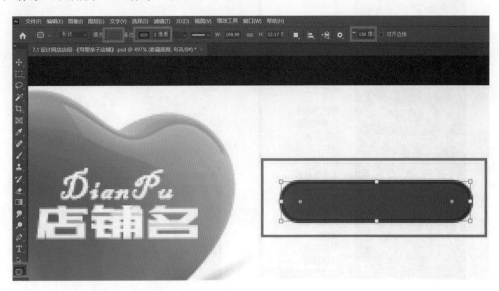

图 7-1-12

(3)选择文字工具 T，输入"点个收藏"文字内容，字体为"Blackadder ITC"，字号为"42 点"，颜色为白色，放置于圆角矩形上方，如图 7-1-13 所示。

图 7-1-13

(4)按【Ctrl＋O】键打开素材/模块七/案例一/"红色爱心"，放置于文字右边，按【Ctrl＋T】键调整大小（按住【Shift】键任意调整），按【Enter】键确定，创建新的填充或调整图层，选择"亮度/对比度"，如图 7-1-14 所示；亮度改为"28"，点击"确定"，如图 7-1-15 所示。

(5)按【Ctrl＋J】键拷贝"文字""圆角矩形"图层，移动到画布右边，文字内容改为"立即体验"，圆角矩形填充改为"红色（R：215，G：38，B：48）"，如图 7-1-16 所示。

(6)选择文字工具 T，输入"5 月母婴好物 初夏大放送"文字内容，字体为"幼圆"，字号为"20点"，颜色为"蓝色（R：40，G：76，B：136）"，如图 7-1-17 所示；字符选择"仿粗体"，数字"5"单独选择"仿斜体"，按【Ctrl＋J】键拷贝，如图 7-1-18 所示。

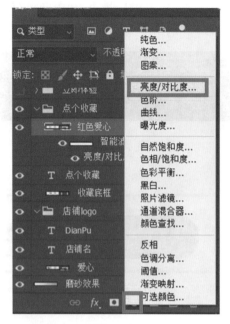

图 7-1-14

图 7-1-15

图 7-1-16

图 7-1-17

图 7-1-18

（7）选择文字工具 **T**，输入"宝妈优选 多买多送"文字内容，字体为"幼圆"，字号为"15 点"，颜色为"蓝色（R：40，G：76，B：136）"，字符选择"仿粗体""仿斜体"，按【Ctrl＋J】键拷贝，如图 7-1-19所示。

图 7-1-19

（8）选择文字工具 **T**，输入"首页""全部商品""纸尿裤""纸尿片""湿巾""婴儿车""宝宝用品"文字内容，字体为"幼圆"，字号为"20 点"，颜色为"白色"，字符选择"仿粗体"，放置于"边框底色"上方，如图 7-1-20 所示。

图 7-1-20

（9）选择直线工具 ，填充选择"白色"，描边选择"白色、5像素"，绘制一条垂直线条，按【Ctrl＋J】键拷贝5次，移动线条，放置于文字中间，选择第一个"首页"图层，按住【Shift】键选择最后一个"直线1拷贝5"图层，选择移动工具 ，选择"水平分布" ，如图7-1-21所示。

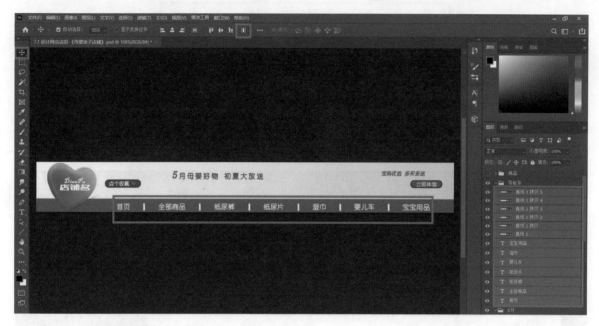

图 7-1-21

三、添加商品图案

（1）按【Ctrl＋O】键打开素材/模块七/案例一/"尿布""奶粉""奶瓶""婴儿车"，按【Ctrl＋T】键调整大小（按住【Shift】键任意调整），按【Enter】键确定，如图7-1-22所示。

图 7-1-22

（2）按【Ctrl＋O】键打开素材/模块七/案例一"小熊""衣服""围嘴""小奶瓶""玩具"，按【Ctrl＋T】键调整大小（按住【Shift】键任意调整），按【Enter】键确定，如图7-1-23所示。

四、添加图案并保存

（1）对作品整体进行调整，如图7-1-24所示。

图 7-1-23

（2）选择"文件"→"存储"，保存文件（【Ctrl＋S】），完成效果图制作。

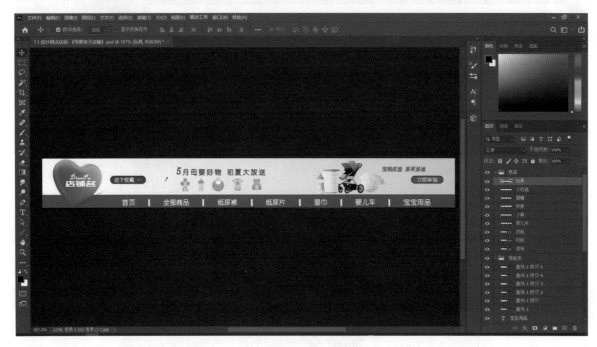

图 7-1-24

案例小结

淘宝店招的主要作用是品牌宣传，突出专业，展现产品品质与店铺实力。淘宝店招也可以突出显示一些比较大的促销活动，可以放一些比较大额的优惠券或者某些大型活动的倒计时，以便吸引客户下单。

《母婴亲子店铺》网店店招设计产品为母婴用品，针对特定人群，运用高斯模糊打造磨砂质感，文字和图片有序排版，展示出秩序感；爱心图标的加入，吸引顾客的眼球；调整亮度/对比度，达到美化素材的效果。

自我评价

请根据自己的完成情况填写表 7-1-1，并根据掌握程度涂☆。

表 7-1-1　自我评价表

知识与技能点	在本案例中的作用(填写关键词)	掌握程度
高斯模糊		☆☆☆☆☆
图层对齐		☆☆☆☆☆
亮度/对比度		☆☆☆☆☆
渐变工具		☆☆☆☆☆
"仿斜体"字体		☆☆☆☆☆

案例二　设计网店 Banner——《男人节潮流服饰》

　　Banner 的译文为横幅或者旗帜,可以作为网站页面的横幅广告,也可以作为游行活动时用的旗帜,还可以是报纸杂志上的大标题。Banner 形象鲜明,表达最主要的情感思想或中心意旨。Banner 主要由文案、商品图案、模特、背景四项中的至少一项组成。

案例导入

　　男人节是起源于网络的节日,节日时间为每年 8 月 3 日,恰好与 3 月 8 日国际妇女节相对应,具有一定的意义,体现了男人同样需要关怀的主题。男人节是为了倡导男性承担改善两性关系的主要角色,建立自尊自爱的新形象,同时,呼吁关爱男性,构建和谐的社会关系。

　　淘宝电商平台,为庆祝男人节,特别在 8 月全平台推出此活动,为了更好地宣传本次活动主题,想设计一款专属于男人节的 Banner。要求:主题鲜明,色彩搭配沉稳而不沉闷,定位年轻男人消费群体,图片符合审美,能从文字和图片上突显本次活动。

　　《男人节潮流服饰》的网店 Banner 设计效果图如图 7-2-1 所示。

图 7-2-1

案例分析

　　对图 7-2-1 所示网店 Banner 设计效果图进行以下分析。

　　布局:左右构图,将版面分割为左右两部分,图片在左,文字在右,通过设计元素的布局让画面整体呈现出左右的分布趋势,具有平衡、稳定、相互呼应的特点。

色彩搭配:黑色、蓝色、绿色的搭配,整体给人时尚、潮流的感觉。黑色代表品质、权威、稳重、时尚;绿色是自然界中最常见的颜色,代表生命力、青春、希望、宁静、和平、舒适、安全;蓝色是三原色中的一种,代表永恒、灵性、清新、自由、放松、舒适、宁静、商务。

　　设计感:字体设计以简约字体为主,线框给文字增加时尚感;模特产品图在左,以白色轮廓区别于黑色背景,突显图片,椭圆线框、星星图形作为点缀,丰富画面。

　　网店 Banner 设计思路如图 7-2-2 所示。

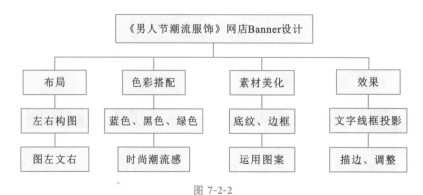

图 7-2-2

· 知识目标

1. 了解什么是网店 Banner。

2. 知道网店 Banner 设计方法。

3. 知道好的网店 Banner 设计标准。

· 技能目标

1. 能熟练运用定义图案。

2. 能熟练运用等距离移动快捷方法。

3. 能熟练使用选区描边。

· 素养目标

1. 通过真实活动任务,学生能够树立爱岗敬业的职业精神。

2. 通过网店店招设计,传达男女平等的思想。

3. 通过学习过程,培养学生独立思考能力。

设计网店
Banner——
《男人节潮流服饰》

一、制作背景

　　(1)按【Ctrl+N】键新建文件,尺寸为 950×400 像素,分辨率为 72 像素/英寸,RGB 模式,背景为白色,如图 7-2-3 所示。

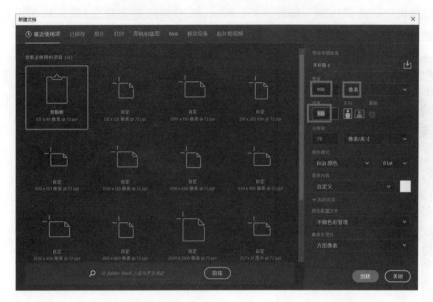

图 7-2-3

(2)按【Ctrl+N】键新建文件,尺寸为 600×600 像素,分辨率为 72 像素/英寸,RGB 模式,背景为透明,如图 7-2-4 所示;选择矩形工具 ▣,在画布中间绘制一条绿色(R:144,G:255,B:0)横线,按【Ctrl+J】键拷贝,按【Ctrl+T】键旋转 90°,如图 7-2-5 所示。

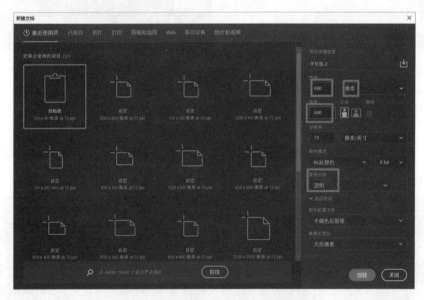

图 7-2-4

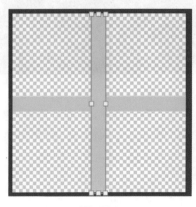

图 7-2-5

（3）选择"编辑"→"定义图案"，如图 7-2-6 所示；返回黑色背景文档，新建透明图层 ，创建新的填充或调整图层 ，选中图形，缩放 3％，如图 7-2-7 所示。

图 7-2-6

图 7-2-7

✍ 二、产品美化

（1）按【Ctrl＋O】键打开素材/模块七/案例二/"产品"，按【Ctrl＋T】键调整大小，放置在画布左边，如图 7-2-8 所示。

图 7-2-8

（2）按【Ctrl＋J】键拷贝"产品"，按住【Ctrl】键，单击缩览图，建立选框，填充白色，按【Ctrl＋D】键取消选框，调整大小，放置在"产品"图层下方，向右移动，如图 7-2-9 所示；重复以上步骤，填充颜色为"棕色（R：199，G：150，B：73）"，向左移动，如图 7-2-10 所示。

（3）选择椭圆工具 ，填充选择"无"，描边选择"白色、3 像素"，旋转一定角度，如图 7-2-11 所示。

图 7-2-9

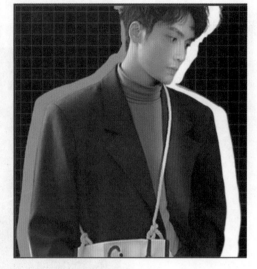

图 7-2-10

图 7-2-11

　　(4)选中椭圆图层,单击鼠标右键,选择"栅格化图层",如图 7-2-12 所示;选中橡皮擦工具，擦除面部白边,如图 7-2-13 所示。

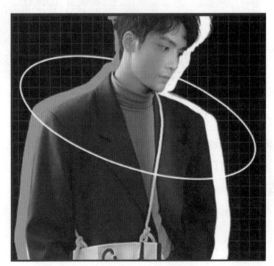

图 7-2-12　　　　　　　　　　　　　　　　　　　　　图 7-2-13

(5)按【Ctrl＋O】键打开素材/模块七/案例二/"星星",按【Ctrl＋J】键拷贝 2 次,按【Ctrl＋T】键调整大小,放置在椭圆边框两边,如图 7-2-14 所示。

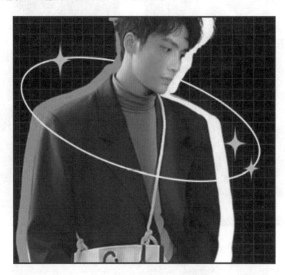

图 7-2-14

✍ 三、文字设计

(1)选择文字工具 **T** ,输入"时尚潮男",字体为"汉真广标",字号为"115 点",颜色为"绿色(R:144,G:255,B:0)",放置于画布右边,如图 7-2-15 所示。

图 7-2-15

(2)按住【Ctrl】键,单击文字图层缩览图,建立选框,新建透明图层 ◻ ,鼠标选中选框工具情况下,单击鼠标右键并选择"描边",如图 7-2-16 所示;宽度为"1 像素",颜色为"绿色",位置为"居中",点击"确定",按【Ctrl＋D】键取消选区,如图 7-2-17 所示。按【Ctrl＋T】键调整大小,放置在文字图层下方,如图 7-2-18 所示。

(3)选择矩形工具 ◻ ,填充为"蓝色(R:2,G:51,B:245)",无描边,绘制在文字下方,如图 7-2-19 所示。

(4)选择文字工具 **T** ,输入"天猫男人节,限时抢购",字体为"汉真广标",字号为"45 点",颜色为"白色",放置于蓝色底框上方,居中、垂直对齐,如图 7-2-20 所示。

图 7-2-16

图 7-2-17

图 7-2-18

图 7-2-19

图 7-2-20

（5）选择文字工具█，输入"COME ON！LEAT'S GO GRAB IT"，字体为"Britannic Bold"，字号为"70 点"，颜色为"蓝色（R:2,G:51,B:245）"，放置于画布下方，如图 7-2-21 所示。

图 7-2-21

（6）选择文字工具█，输入"8YUENANRENJIE"，字体为"汉真广标"，字号为"20 点"，颜色为"绿色（R:144,G:255,B:0）"，放置于画布右上方，如图 7-2-22 所示。

（7）按【Ctrl＋O】键，打开"素材/模块七/案例二/ 大于号"，按【Ctrl＋T】键调整大小，移动到文字前方，如图 7-2-23 所示。

图 7-2-22

图 7-2-23

四、调整并保存

（1）检查，调整所有图层，如图 7-2-24 所示。

（2）选择"文件"→"存储"，保存文件（【Ctrl＋S】），完成效果图制作。

图 7-2-24

案例小结

做好 Banner 五要素：

(1)信息传达准确,定位和图义信息传达保持一致；

(2)图文左右排版,图文比例约为 6：4(接近黄金比例 0.618)；

(3)居中版式,一级标题与二级标题的比例大概是 2：1；

(4)合理选择字体,突出关键词信息；

(5)根据品牌风格和 Banner 使用场景选择颜色。

《男人节潮流服饰》网店 Banner 设计背景为黑色,整体色调沉稳、干净,符合男性审美。黑色背景、蓝色和绿色的文字搭配,使画面整体沉稳而不沉闷,给人时尚、潮流的感觉,能吸引年轻男性消费群体；通过利用帅气的模特展示商品,消费者能直观地看见商品上身效果,从而进店了解详情,最终下单购买。

自我评价

请根据自己的完成情况填写表 7-2-1,并根据掌握程度涂☆。

表 7-2-1　自我评价表

知识与技能点	在本案例中的作用(填写关键词)	掌握程度
定义图案		☆☆☆☆☆
等距离移动方法		☆☆☆☆☆
选区描边		☆☆☆☆☆
椭圆工具		☆☆☆☆☆
【Alt＋Delete】		☆☆☆☆☆

案例三　设计网店主图——《春光节洗面奶》

消费者在淘宝店铺购物,主图不好,点击率不可能高!因为卖家只能通过图片展示吸引顾客看店铺的商品,那么主图就显得尤为重要。商品图片上传后的详情页自动提供放大镜功能,此功能可以让买家更直观地看到并了解商品细节。

案例导入

春天即将来临,立春作为二十四节气之首,淘宝平台特别推出了"春光节美妆活动",活动时间为2月25日—3月2日,顾客可以享受打折服务、满减活动、会员特价等优惠。

某美妆类店铺为了参与该活动,想设计一款与活动相符的商品主图。要求:整体画面干净整洁,符合产品卖点;色彩搭配合理,颜色清新;文字精练,卖点突出;活动信息一目了然。

《春光节洗面奶》的网店主图效果图如图7-3-1所示。

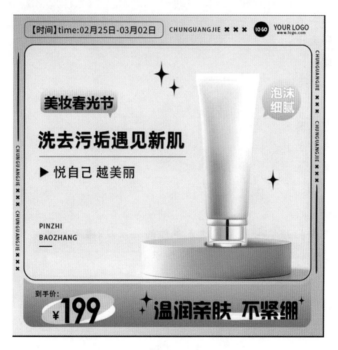

图 7-3-1

案例分析

对图7-3-1所示网店主图效果图进行以下分析。

布局:文字在左、图片在右的布局使画面具有平衡、稳定的感觉。

色彩搭配:整体以冷色调为主,蓝色非常纯净,通常让人联想到海洋、天空、湖水、宇宙。商品为洗面奶,蓝色符合卖点"洗去污垢遇见新肌",整体色彩搭配给消费者一种洗面奶好用的感觉。

设计感:用线框突出商品图片和卖点,此为主图重要展示画面;围绕边框,以文字、装饰图案,展示淘宝"春光节美妆活动"信息,丰富了整体画面;渐变色彩,使整个作品更加有质感和层次。

网店主图设计思路如图7-3-2所示。

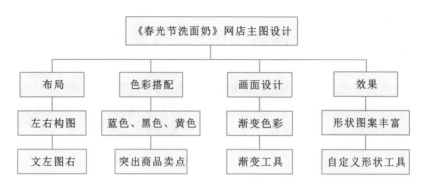

图 7-3-2

 学习目标

·知识目标

1.了解什么是产品卖点。

2.知道主图尺寸和大小。

3.知道主图的用途。

·技能目标

1.能熟练运用渐变工具。

2.能熟练使用三角形工具。

3.能熟练使用椭圆工具。

·素养目标

1.通过真实活动任务提升学生对国家热点事件的关注度,激发学生的爱国情怀。

2.通过淘宝立春活动,传播中国传统节气的知识。

3.通过学习过程,学生能够树立实事求是的职业精神。

 操作步骤

设计网店
主图——
《春光节洗面奶》

一、制作背景

(1)按【Ctrl+N】键新建文件,尺寸为 800×800 像素,分辨率为 72 像素/英寸,RGB 模式,背景为白色,如图 7-3-3 所示。

(2)选择渐变工具 ,打开渐变编辑器,设置从蓝色(R:173,G:203,B:238)到浅蓝色(R:230,G:240,B:253)的渐变,如图 7-3-4 所示;选择"对称渐变",从画布左上角拉到右下角,如图 7-3-5 所示。

(3)按【Ctrl+O】键打开素材/模块七/案例三/"边框",按【Ctrl+T】键等比例调整大小(按住【Shift】键任意调整),如图 7-3-6 所示。

图 7-3-3

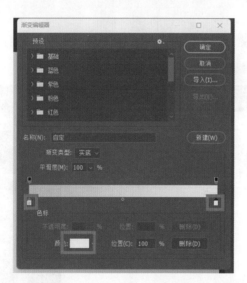

图 7-3-4

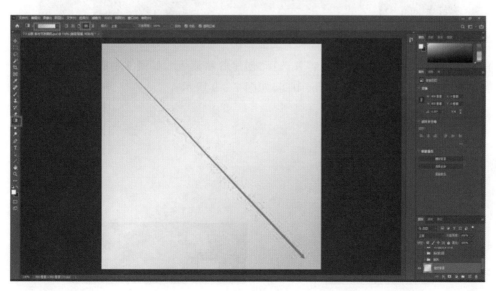

图 7-3-5

图 7-3-6

二、商品美化

（1）按【Ctrl＋O】键打开素材/模块七/案例三/"展台"，放置在边框上方，按【Ctrl＋T】键调整大小（按住【Shift】键任意调整），按【Enter】键确定，如图 7-3-7 所示。

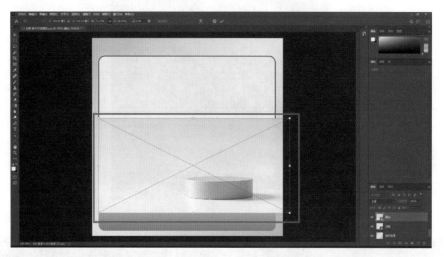

图 7-3-7

（2）选中"展台"图层，单击鼠标右键并选择"创建剪贴蒙版"，如图 7-3-8 所示；也可以按住【Alt】键的同时单击"展台"图层和"边框"图层中间，如图 7-3-9 所示。

图 7-3-8

图 7-3-9

（3）给"展台"图层添加蒙版 ，前景色改为"黑色"，选择画笔工具 ，选择"柔边圆"，大小自定义，如图 7-3-10 所示；使用画笔将"展台"素材的上方背景和下方背景擦除，如图 7-3-11 所示。

图 7-3-10

图 7-3-11

（4）按【Ctrl＋O】键打开素材/模块七/案例三/"洗面奶"，放置在"展台"上方，按【Ctrl＋T】键调整大小（按住【Shift】键任意调整），按【Enter】键确定，如图 7-3-12 所示。

图 7-3-12

（5）按【Ctrl＋O】键打开素材/模块七/案例三/"星星图形"，按【Ctrl＋J】键复制 2 次，按【Ctrl＋T】键调整大小（按住【Shift】键任意调整），按【Enter】键确定，如图 7-3-13 所示。

图 7-3-13

(6)选择文字工具 T ,输入"CHUNGUANGJIE"文字内容,字体为"Adobe 黑体 Std",字号为"11 点",颜色为"黑色",按【Ctrl＋T】键旋转 90°,移动到黑色边框右边,如图 7-3-14 所示。

图 7-3-14

(7)按【Ctrl＋O】键打开素材/模块七/案例三/"×××"图形,按【Ctrl＋T】键调整大小(按住【Shift】键任意调整),按【Enter】键确定,移动到文字下方,如图 7-3-15 所示;按【Ctrl＋J】键复制文字及"×××"图形,向下移动,如图 7-3-16 所示。

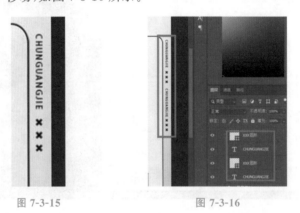

图 7-3-15   图 7-3-16

(8)选择直线工具 ，在"×××"图形下方绘制直线,填充选择"黑色",描边选择"黑色、1 像素",如图 7-3-17 所示。

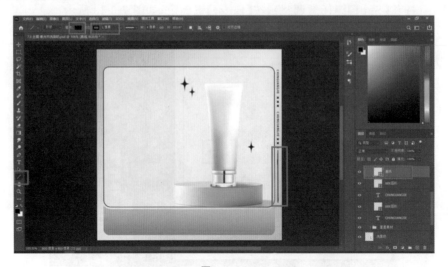

图 7-3-17

(9)按【Ctrl＋J】键复制直线、文字及"×××"图形,移动到黑色边框左边,调整顺序,如图 7-3-18 所示。

图 7-3-18

三、添加文字

(1)选择文字工具 T ,输入"洗去污垢遇见新肌"文字内容,字体为"阿里巴巴普惠体",字号为"48 点",颜色为"黑色",如图 7-3-19 所示。

图 7-3-19

(2)选择直线工具 ,在文字下方绘制直线,填充选择"无",描边选择"黑色、1 像素",如图 7-3-20 所示。

(3)选择文字工具 T ,输入"悦自己 越美丽"文字内容,字体为"Adobe 黑体 Std",字号为"34 点",颜色为"黑色",移动到直线下方,如图 7-3-21 所示。

(4)选择三角形工具 △ ,在文字前方绘制三角形图形,填充选择"黑色",描边选择"黑色、1 像素",如图 7-3-22 所示。

(5)按【Ctrl＋O】键打开素材/模块七/案例三/"对话框",按【Ctrl＋T】键调整大小(按住【Shift】键任意调整),按【Enter】键确定,移动到文字上方,如图 7-3-23 所示。

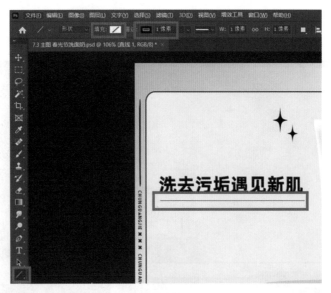

图 7-3-20

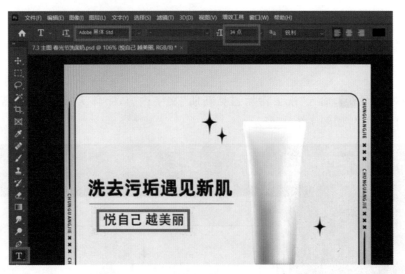

图 7-3-21

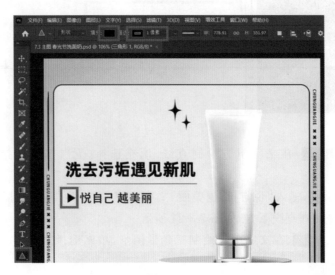

图 7-3-22

图 7-3-23

（6）选择文字工具 T，输入"美妆春光节"文字内容，字体为"微软雅黑"，字号为"36 点"，颜色为"黑色"，与"对话框"素材居中对齐，如图 7-3-24 所示。

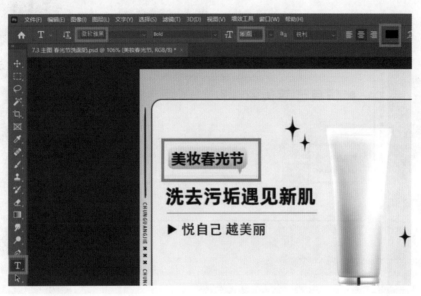

图 7-3-24

（7）按【Ctrl＋O】键打开素材/模块七/案例三/"对话框 1"，按【Ctrl＋T】键调整大小（按住【Shift】键任意调整），按【Enter】键确定，移动到"洗面奶"右上方，如图 7-3-25 所示。

图 7-3-25

（8）选择文字工具 T，输入"泡沫细腻"文字内容，字体为"微软雅黑"，字号为"30 点"，颜色为"白色"，与"对话框 1"素材居中对齐，如图 7-3-26 所示；双击文字图层，添加图层样式——描边，颜色为"深蓝色（R：130，G：177，B：241）"，如图 7-3-27 所示。

（9）选择文字工具 T，输入"PINZHI BAOZHANG"文字内容，字体为"Adobe 黑体 Std"，字号为"16 点"，左对齐文本，颜色为"黑色"，如图 7-3-28 所示。

（10）选择直线工具，在文字下方绘制直线，填充选择"黑色"，描边选择"黑色、1 像素"，如图 7-3-29 所示。

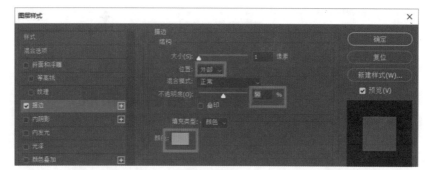

图 7-3-26   图 7-3-27

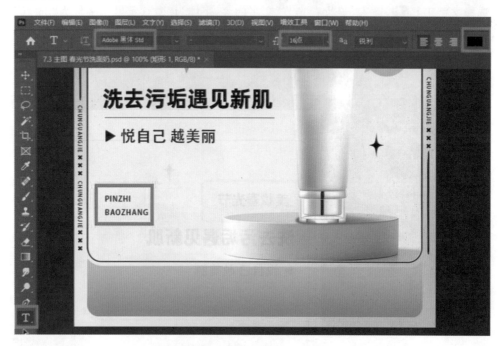

图 7-3-28

图 7-3-29

四、添加价格、卖点、活动

(1)选择文字工具 T，输入"到手价:"文字内容，字体为"Adobe 黑体 Std"，字号为"18 点"，颜色为"黑色";输入"¥"文字内容，字体为"微软雅黑"，字号为"28 点"，颜色为"黑色";输入"199"文字内容，字体为"汉真广标"，字号为"80 点"，颜色为"黑色";文字图层排版如图 7-3-30 所示。

(2)选择椭圆工具 ◯，填充选择"白色"，描边选择"黑色、1 像素"，绘制在价格下方，如图 7-3-31所示;按【Ctrl+J】键拷贝，填充选择"浅黄色(R:252,G:214,B:173)"，按【Ctrl+T】键旋转椭圆，如图 7-3-32 所示。

图 7-3-30

图 7-3-31

图 7-3-32

(3)选择文字工具 T，输入"温润亲肤 不紧绷"文字内容，字体为"汉真广标"，字号为"50 点"，颜色为"黑色"，如图 7-3-33 所示。

图 7-3-33

(4)选择直线工具 ⁄ ，在文字下方绘制直线，填充选择"白色"，描边选择"白色、10 像素"，如图7-3-34 所示。

图 7-3-34

(5)按【Ctrl+J】键拷贝"星星图形"3 次，移动到文字两边，按【Ctrl+T】键调整大小(按住【Shift】键任意调整)，按【Enter】键确定，如图 7-3-35 所示。

图 7-3-35

(6)选择文字工具 T，输入"【时间】time:02 月 25 日-03 月 02 日"文字内容，字体为"思源黑体CN"，字号为"21 点"，颜色为"黑色"，如图 7-3-36 所示;选择圆角矩形工具 ◻，填充选择"无"，描边选择"黑色、1 像素"，如图 7-3-37 所示。

图 7-3-36

图 7-3-37

(7)按【Ctrl+O】键打开素材/模块七/案例三/"标志"，按【Ctrl+T】键调整大小(按住【Shift】键任意调整)，按【Enter】键确定;选择文字工具 T，输入"网址、logo"信息，字体为"思源黑体 CN"，颜色为"黑色"，如图 7-3-38 所示。

Photoshop 实战案例精粹

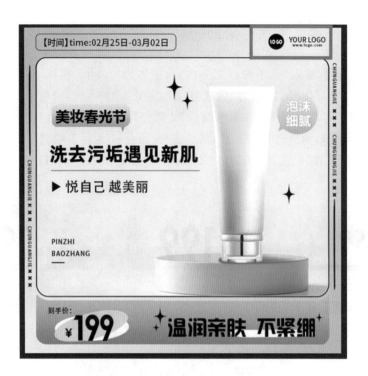

图 7-3-38

五、调整并保存

（1）检查，调整所有图层，如图 7-3-39 所示。
（2）选择"文件"→"存储"，保存文件（【Ctrl＋S】），完成效果图制作。

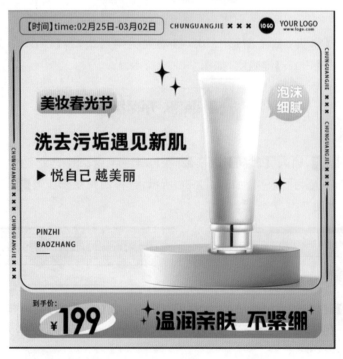

图 7-3-39

案例小结

当我们直接在淘宝上面搜索产品关键词的时候,展现在我们面前的四方形图片就是淘宝主图。淘宝主图既包括展现在客户搜索结果面前的图片,也包括客户进入店铺以后可以点击观看的图片。

《春光节洗面奶》网店主图设计以立春节气为契机,春天万物生长,唤醒肌肤;整体以蓝色调为主,渐变色彩简约而不简单;价格特别采用浅黄色椭圆形背景,让观众一眼看见活动价格机制,从而下单购买;星星图形、直线等图案装饰,丰富了整体画面,增加了趣味性。

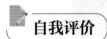 **自我评价**

请根据自己的完成情况填写表 7-3-1,并根据掌握程度涂☆。

表 7-3-1　自我评价表

知识与技能点	在本案例中的作用(填写关键词)	掌握程度
渐变工具		☆☆☆☆☆
椭圆工具		☆☆☆☆☆
三角形工具		☆☆☆☆☆
直线工具		☆☆☆☆☆

案例四　设计网店详情页——《高山白茶》

电商产品详情页的主要内容应该是一个产品的概述,所谓产品的概述指的是能够通过有限的文字尽可能多地表现一个产品的特征以及性能,进而为相应的顾客做出选择提供一定的借鉴,使顾客通过产品概述内容决定自己是否需要进一步深入了解。

电商产品详情页主要包含产品参数、产品图集、促销活动、信任背书、使用方法、售后信息、海报、痛点(制造焦虑)等。各板块可根据实际情况来调换先后顺序,也可相应增加别的板块。详情页存在的最终目的就是,吸引大家去购买,买完还要夸赞产品好,夸完接着买,甚至叫别人来一起买,接着夸,形成一个良性循环。

 案例导入

2023 年农业农村部下发通知,鼓励各地结合实际,通过节日让利、消费补贴等方式,围绕农产品开展营销促销活动,拓展消费场景,激发消费潜力。推动电商平台持续设立丰收频道、丰收专馆及丰收主题活动,给予流量支持或平台费用减免,支持网上丰收节农产品促销活动。

某农特产网店,想设计一款图文并茂的详情页,吸引顾客到店购买。内容包含产品参数、制作过程、生长环境展示、制作工艺等信息,希望在详情页中能结合产品展示中国特色。

《高山白茶》的网店详情页设计效果图如图 7-4-1 所示。

图 7-4-1

案例分析

对图 7-4-1 所示网店详情页效果图进行以下分析。

布局：该网店详情页特点就是页码多且长，根据这一特色，在排版时多采用上下、左右构图。

色彩搭配：古人认为宇宙生命万物是由五种基本元素构成，也就是五行，即木、火、土、金、水。在五行中，"木"以绿色为代表；"火"以红色、紫色为代表；"土"以黄色、棕色为代表；"金"以白色为代表；"水"以蓝色、黑色为代表。本次色彩设计主要选择红色、绿色。

设计感：背景以深绿色为主，红色为辅，采用传统中国色彩搭配；创建剪贴蒙版来为图片增加富有中国味道的边框；添加投影、渐变效果，让文字和素材更加富有层次、立体感强；整体排版有序，简洁明了。

网店详情页设计思路如图 7-4-2 所示。

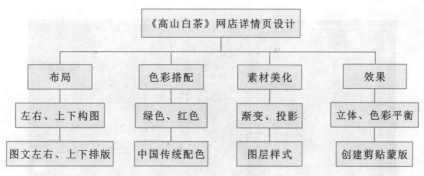

图 7-4-2

 学习目标

· 知识目标

1. 了解什么是网店产品详情页。

2. 知道详情页包含的内容。

3. 知道中国传统配色含义。

· 技能目标

1. 能熟练添加描边效果。

2. 能熟练添加投影效果。

3. 能熟练运用视图标尺、辅助线。

· 素养目标

1. 通过学习中国传统配色,了解中国历史文化,培养民族精神。

2. 通过农产品详情页的设计,培养学生爱家乡的情怀。

3. 通过学习过程,培养学生动手能力。

 操作步骤

设计网店
详情页——
《高山白茶》

一、制作背景

(1)按【Ctrl＋N】键新建文档,尺寸为 790×8834 像素,如图 7-4-3 所示。

(2)按【Ctrl＋O】键打开素材/模块七/案例四/"背景",按【Ctrl＋T】键等比例调整大小(按住【Shift】键任意调整),如图 7-4-4 所示。

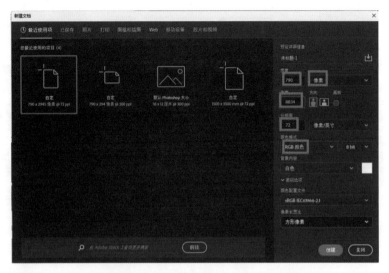

图 7-4-3

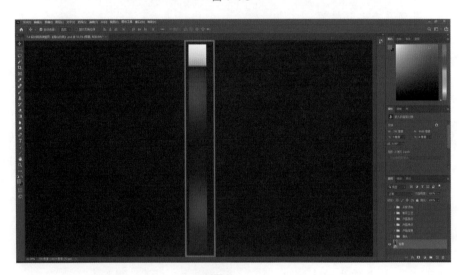

图 7-4-4

二、版头设计

（1）选择"视图"→"标尺"，如图 7-4-5 所示，从标尺处，用鼠标左键拖动辅助线，如图 7-4-6 所示。

图 7-4-5

图 7-4-6

（2）按【Ctrl＋O】键打开素材/模块七/案例四/"版头背景""绿植阴影""桌子""窗户景色""叶子"，按【Ctrl＋T】键等比例调整大小（按住【Shift】键任意调整），"桌子"素材最下方与辅助线对齐，注意图层之间的遮挡关系，如图 7-4-7 所示。

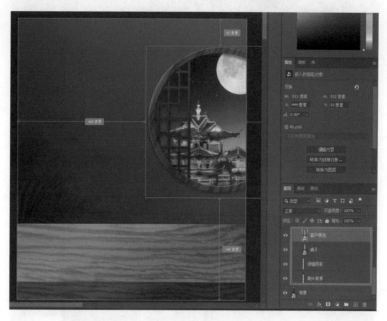

图 7-4-7

（3）按【Ctrl＋O】键打开素材/模块七/案例四/"白茶"，放置于"桌子"中间，按【Ctrl＋T】键调整大小，按【Ctrl＋J】键拷贝，按住【Ctrl】键，单击鼠标左键拷贝图层缩览图，建立选区，填充棕色（R：80，G：39，B：21），放在"白茶"图层下方，如图 7-4-8 所示。

图 7-4-8

（4）选择文字工具，输入"高山白茶"，字体为"思源宋体 CN"，字号为"97 点"，颜色为"黄色（R：242，G：203，B：107）"，如图 7-4-9 所示；添加"渐变叠加"图层样式，设置从黄色（R：253，G：197，B：98）到浅黄色（R：252，G：237，B：198）的渐变，如图 7-4-10 所示。

（5）选择文字工具，输入"好茶高山产 云雾育精华"，字体为"Adobe 黑体 Std"，字号为"29 点"，颜色为"黄色（R：242，G：203，B：107）"，拷贝"高山白茶"图层样式，粘贴图层样式，如图 7-4-11 所示。

（6）按【Ctrl＋O】键打开素材/模块七/案例四/"中国风边框"，放置于文字图层下方，按【Ctrl＋T】键调整大小，选中这两个图层，选择"居中对齐""垂直对齐"，如图 7-4-12 所示。

图 7-4-9

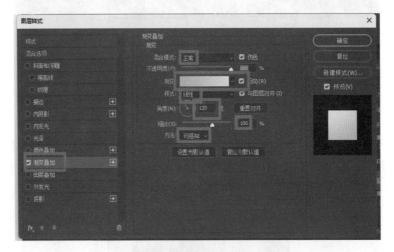

图 7-4-10

图 7-4-11

图 7-4-12

（7）选择文字工具![T]，输入"采自浙西南"，每个字单独一个图层，字体为"思源宋体 CN"，字号为"25 点"，颜色为"黄色（R：242，G：203，B：107）"，如图 7-4-13 所示；选择椭圆工具![O]，填充选择"无"，描边选择"黄色（R：242，G：203，B：107）、2 像素"，按【Ctrl＋J】键拷贝 5 次，如图 7-4-14 所示。

图 7-4-13

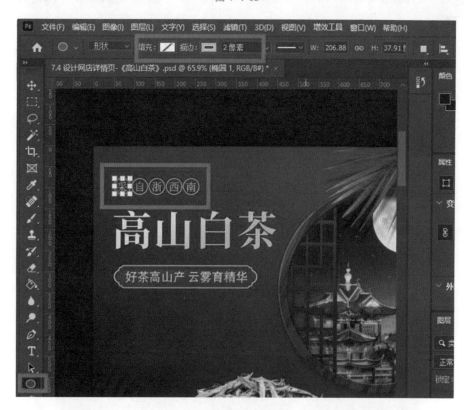

图 7-4-14

（8）按【Ctrl＋O】键打开素材/模块七/案例四/"_"，按【Ctrl＋T】键调整大小；选择文字工具![T]，输入"Mountain white tea Collected from high mountain tea garden in southwest Zhejiang"，字体为"Adobe 黑体 Std"，字号为"15 点"，颜色为"黄色（R：242，G：203，B：107）"，如图 7-4-15 所示。

图 7-4-15

三、产品信息

（1）按【Ctrl＋O】键打开素材/模块七/案例四/"中国风文字底框"，按【Ctrl＋T】键调整大小；选择文字工具 ，输入"产品信息""GAO SHAN BAI CHA""精选高山白茶"，字体为"思源宋体 CN"，字号为"60 点""15 点""28 点"，颜色为"黄色（R：242，G：203，B：107）"，如图 7-4-16 所示。

图 7-4-16

（2）选中"产品信息"文字图层，添加图层样式 ，勾选"投影"效果，参数修改如图 7-4-17 所示。

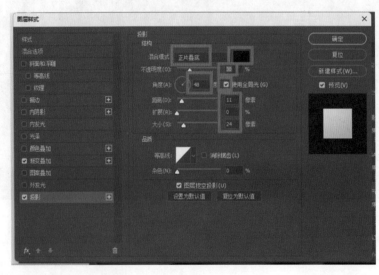

图 7-4-17

（3）拷贝"高山白茶"图层样式，粘贴图层样式到"产品信息"文字图层，如图 7-4-18 所示。

图 7-4-18

(4)按【Ctrl＋O】键打开素材/模块七/案例四/"红色背景""祥云",按【Ctrl＋T】键调整大小;按【Ctrl＋J】键拷贝"祥云",按【Ctrl＋T】键,单击鼠标右键并选择"水平翻转",如图 7-4-19 所示;两个祥云素材放置在红色背景框斜对角,如图 7-4-20 所示。

图 7-4-19

图 7-4-20

(5)选择文字工具T,输入"品牌""品名""规格""储存方式""储存日期""生产日期""色香味形",字体为"思源宋体 CN",字号为"35 点",颜色为"黄色(R:242,G:203,B:107)",如图 7-4-21 所示;拷贝"产品信息"图层样式,粘贴图层样式到文字图层,如图 7-4-22 所示。

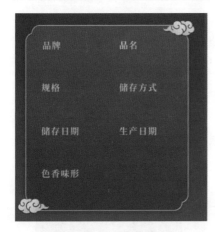

图 7-4-21

图 7-4-22

(6)选择文字工具T,输入"浙西南白茶""高山白茶""125G/罐""密封、干燥""18 个月""见包装外""鲜爽、香醇、新鲜",字体为"微软雅黑 Regular",字号为"28 点",颜色为"白色",如图 7-4-23 所示。

(7)选择直线工具 ，填充选择"白色"，描边选择"白色、2像素"，按【Ctrl＋J】键拷贝2次，移动位置，如图7-4-24所示。

图 7-4-23

图 7-4-24

四、产品特点

(1)按【Ctrl＋J】键拷贝"产品信息"标题，修改文字内容"产品特点"，移动到下方，如图7-4-25所示。

(2)按【Ctrl＋O】键打开素材/模块七/案例四/"黄色背景""布朗茶山"，按【Ctrl＋T】键调整大小，选中"布朗茶山"图层，单击鼠标右键创建剪贴蒙版，如图7-4-26所示。

图 7-4-25

图 7-4-26

(3)选择圆角矩形 ，填充选择"黄色(R:255,G:227,B:154)到浅黄色(R:252,G:237,B:198)渐变"，如图7-4-27所示；描边选择"橘色(R:254,G:168,B:68)、3像素"，如图7-4-28所示。

图 7-4-27

图 7-4-28

(4)添加图层样式 *fx* ,选择"投影",如图 7-4-29 所示。

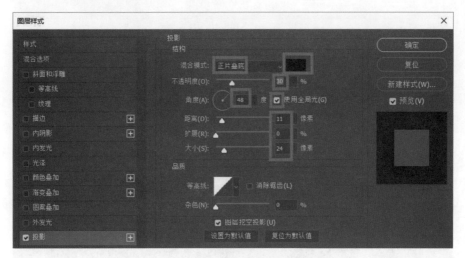

图 7-4-29

(5)选择文字工具 **T** ,输入"布朗茶山",字体为"Adobe 黑体 Std",字号为"28 点",颜色为"棕色 (R:157,G:53,B:10)",如图 7-4-30 所示。

图 7-4-30

(6)选中"黄色背景"图层,添加图层样式——描边,颜色为"橙色(R:254,G:168,B:84)",如图 7-4-31 所示;添加图层样式——投影,如图 7-4-32 所示。

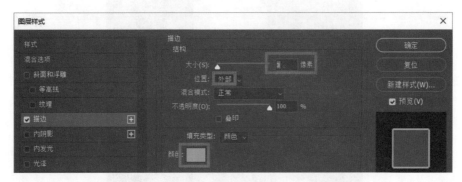

图 7-4-31

(7)选中"黄色背景""布朗茶山""圆角矩形""文字"图层,按【Ctrl+J】键拷贝,修改文字内容为"高山低温","布朗茶山"素材替换为"高山低温",如图 7-4-33 所示。

（8）重复步骤（7），完成"一年一摘""饮后甘甜""鲜活有型""鲜爽口感"产品特点，如图 7-4-34 所示。

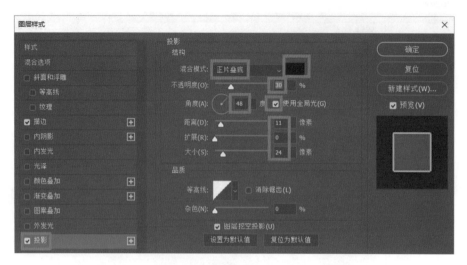

图 7-4-32

图 7-4-33

图 7-4-34

五、产品卖点

（1）按【Ctrl＋O】键打开素材/模块七/案例四/"边框""灰底""布朗茶山"，按【Ctrl＋T】键调整大小，选中素材"布朗茶山"图层，单击鼠标右键创建剪贴蒙版，如图7-4-35所示。

图 7-4-35

（2）选择文字工具**T**，输入"布朗茶山 高山云雾育精华"，字体为"思源宋体 CN"，字号为"60点"，颜色为"黑色"，如图7-4-36所示；添加图层样式——渐变叠加，设置棕色（R：103，G：84，B：42）到深棕色（R：63，G：55，B：34）渐变，如图7-4-37所示。

图 7-4-36

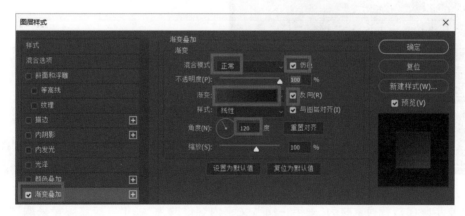

图 7-4-37

（3）按【Ctrl＋J】键拷贝，修改文字内容"BULANGCHASHANGAOSHANYUNWUYU-JINGHUA"，字号为"15点"，如图7-4-38所示。

（4）按【Ctrl＋O】键打开素材/模块七/案例四/"图标1""图标2""图标3"，按【Ctrl＋T】键调整大小，如图7-4-39所示。

图 7-4-38　　　　　　　　　　　　　　图 7-4-39

（5）选择文字工具 **T**，输入"生长周期长 气候适宜""光照充足 无霜期长""气候湿润 降水均匀"，字体为"微软雅黑"，字号为"28 点"，颜色为"白色"，如图 7-4-40 所示。

图 7-4-40

（6）按【Ctrl＋O】键打开素材/模块七/案例四/"高山低温"，按【Ctrl＋T】键调整大小，如图 7-4-41 所示；选择文字工具 **T**，输入"高山低温 自然慢养""年均温 13.1 度，相对湿度 85％ 80000 负氧离，自然慢养，茶叶内涵物质更丰富"，字体为"华文细黑""思源黑体 CN"，字号为"80 点""30 点"，颜色为"黑色"，如图 7-4-42 所示。

图 7-4-41　　　　　　　　　　　　　　　　　　　　　　图 7-4-42

（7）重复步骤（6），替换素材为"一年一摘"，文字内容修改为"一年一摘　限量采购""8700 小时自然生长，一年仅采一季　茶产量仅同级茶园的 1/5，只为让茶树能够很好地休养生息"，颜色为"白色"，如图 7-4-43 所示。

（8）按【Ctrl＋O】键打开素材/模块七/案例四/"上下边框"，按【Ctrl＋T】键调整大小，如图 7-4-44 所示。

图 7-4-43

图 7-4-44

六、制茶工艺

(1)按【Ctrl＋J】键拷贝"产品特点"标题,修改文字内容为"制茶工艺",移动到下方,如图 7-4-45 所示。

(2)选择文字工具 T ,输入"白茶的加工工序包括采青、晾青、炒青、理条等一系列工序,方得好茶",字体为"思源黑体 CN",字号为"30 点",颜色为"白色",如图 7-4-46 所示。

图 7-4-45

图 7-4-46

(3)选择矩形工具 □ ,填充选择"黑色",描边选择"白色、5 像素",如图 7-4-47 所示。

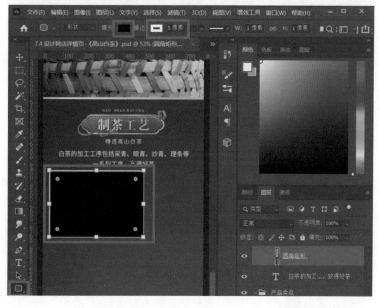

图 7-4-47

（4）按【Ctrl＋O】键打开"一年一摘"素材，按【Ctrl＋T】键调整大小，单击鼠标右键创建剪贴蒙版，如图 7-4-48 所示。

（5）选择文字工具，输入"01/采青""甄选明前鲜嫩茶芽　一芽一叶或二叶"，字体为"Adobe 黑体 Std""思源黑体 CN"，字号为"46 点""28 点"，颜色为"白色"，如图 7-4-49 所示。

图 7-4-48

图 7-4-49

（6）选中"制茶工艺"文字图层，单击鼠标右键拷贝图层样式，选中"01/采青"文字图层，单击鼠标右键粘贴图层样式，如图 7-4-50 所示。

图 7-4-50

（7）重复以上步骤，或者是拷贝，完成"摊青""炒青""筛选"工艺，如图 7-4-51 所示。

图 7-4-51

（8）选择矩形工具，填充选择"黄色（R：253，G：197，B：98）"，描边选择"黄色（R：253，G：197，B：98）、1 像素"；选择椭圆工具，填充选择"黄色（R：253，G：197，B：98）"，描边选择"黄色（R：253，G：197，B：98）、1 像素"，按【Ctrl＋J】键拷贝，如图 7-4-52 所示。

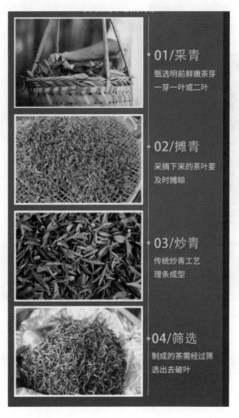

图 7-4-52

七、买家须知

(1)按【Ctrl＋J】键拷贝"制茶工艺"标题,修改文字内容为"买家须知",移动到下方,如图 7-4-53 所示。

(2)按【Ctrl＋J】键拷贝"红色背景""祥云""祥云 拷贝"图层,移动到下方,如图 7-4-54 所示。

图 7-4-53

图 7-4-54

(3)选择圆角矩形工具 ,填充选择"浅黄色(R:252,G:237,B:198)到黄色(R:253,G:197,B:98)渐变",描边选择"无",如图 7-4-55 所示;选择文字工具 ,输入"关于快递""邮政,中通,顺丰,韵达,极兔快递等,可备注自己需要的快递。",字体为"微软雅黑",字号为"30 点""28 点",颜色为"棕色(R:101,G:35,B:8)""白色",如图 7-4-56 所示。

（4）按【Ctrl＋J】键拷贝"圆角矩形"图层、2 个"文字"图层，向下移动，修改文字内容，如图 7-4-57 所示。

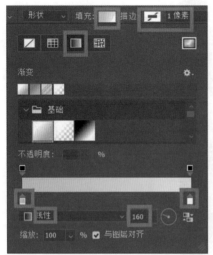

图 7-4-55

图 7-4-56

图 7-4-57

八、调整并保存

（1）检查，调整所有图层，如图 7-4-58 所示。

（2）选择"文件"→"存储"，保存文件（【Ctrl＋S】），完成效果图制作。

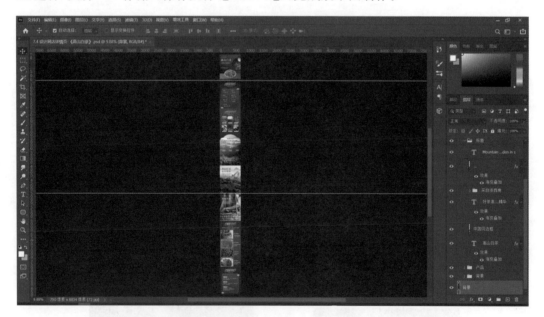

图 7-4-58

案例小结

　　详情页至关重要的一个地方就是前 3 屏，关系到一款产品能不能卖出去，产品图一定要清晰，卖点一定要重点突出，不要太浮夸。详情页端不应添加过多的关联，建议添加到详情页中部。

　　《高山白茶》网店详情页设计，总共分为 6 大板块，每个板块相互独立，又有关联；利用视图标尺可对整体画布尺寸进行调控,借助辅助线进行文字、素材排版和位置的布局;运用描边添加了素材的外轮廓,运用投影增强了文字和素材的立体效果。

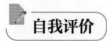 自我评价

请根据自己的完成情况填写表 7-4-1,并根据掌握程度涂☆。

表 7-4-1　自我评价表

知识与技能点	在本案例中的作用(填写关键词)	掌握程度
标尺		☆☆☆☆☆
辅助线		☆☆☆☆☆
描边效果		☆☆☆☆☆
投影效果		☆☆☆☆☆
复制、粘贴图层样式		☆☆☆☆☆

作　业

《助农产品——橙心橙意》网店 Banner 设计

拼多多,是国内移动互联网的主流电子商务应用产品平台。拼多多以"拼购＋产地直发"为核心,通过社交裂变和"货找人"的模式对接产需,创造出一个新的市场。消费者通过社交方式相互推送,看到商品上的"好友买过""好友好评""好友收藏"等标签,直接参与拼单、砍价和购买。通过此模式,将分散的农产品和消费者实现云端对接,可以让小农户对接大市场,将时间和空间极为分散的农产品交易,汇聚成为短期内的同质化的需求,突破时空的限制,增加了农产品上行的市场容积。

早在 2019 年,拼多多光农产品就卖了超 1364 亿元,累计带贫人数 100 万以上,到了 2020 年,拼多多全平台农副产品成交额超过 2700 亿元,帮助更多农民实现卖货增收的同时,持续保持着三位数左右的高速增长。未来 5 年,农货有可能为平台贡献约 1 万亿的年交易额。

模块七作业

参考"稿定设计"网站上的《果农直播》Banner,请同学们利用素材,借鉴该作品的设计思路,完成《助农产品——橙心橙意》网店 Banner 设计。建议素材:模块七\作业\素材。

参考文献

［1］　李金明,李金蓉.Photoshop 2023 入门教程［M］.北京:人民邮电出版社,2023.

［2］　涵品教育.Photoshop CC 从入门到精通［M］.广州:广东人民出版社,2021.

［3］　冯注龙.PS之光:一看就懂的 Photoshop 攻略［M］.北京:电子工业出版社,2020.

［4］　敬伟.Photoshop 案例实战:从入门到精通［M］.北京:清华大学出版社,2022.

［5］　唯美世界,瞿颖健.Photoshop 2020 完全案例教程［M］.北京:中国水利水电出版社,2020.